やさしいグラフ論

田澤新成／白倉暉弘／田村三郎共著

現代数学社

やさしいスモン論

まえがき

　算数の文章題を解くとき，内容を抽象化して一定量を線分として表すことがある．そのような抽象化と同じように，物と物との関係として表される諸現象を，物を点で表示し，関係ある物どうしを線で結ぶことにより，その本質を目に見える形に直して処理すると便利なことがある．このような便利な思考処理法を提供してくれるのがグラフ論である．

　初等幾何学は図として表示されたものを見抜く直観性と，その奥にかくされた未知の諸関係をあばき出す論理性を重ねもったものである．しかし，このような論証幾何学が学校数学の中で十分に取り扱われなくなってから久しい．このグラフ論は，興味深いパズル的問題を，さしたる予備知識も仮定しないで取り扱えるので，直観性と論理性とを総合した新しい学習教材に適したものといえよう．

　最後に，本書の刊行経緯について一言しておきたい．本書は雑誌「BASIC数学」に，連載したものを基にしている．そのため，1章ごと読み切りの体裁をとっているので，各章独立に読んでいただいても十分理解できるであろう．連載の際，田澤が素稿を書いたものを，白倉が整理し，田村が相談を受けるという形で完成したものである．

　本書はグラフ的諸問題をパズルの形で提出することにより，興味深く問題に取り組めるように配慮した．また，単に興味本位だけではなく，実用的方面にも十分心がけたつもりである．多くの読者のご活用を期待したい．

田　村　三　郎

目　　次

はじめに

第1章　友達関係の数理 …………………………………………1
§1　人間関係とグラフ　　2
§2　基本的用語　　5
§3　握手の問題　　7
§4　友達の人数　　10
§5　トリオの存在　　11

第2章　回路網の設計 ……………………………………………14
§1　試合の組合わせと回路網　　15
§2　友達関係と回路網　　18
§3　回路網の設計可能性　　19
§4　回路網の設計アルゴリズム　　23

第3章　命令伝達系統 ……………………………………………29
§1　命令伝達系統と有向グラフ　　29
§2　階級関係と有向グラフ　　31
§3　基本的用語　　33
§4　命令回数　　37
§5　命令発信源の存在　　41

第4章　試合はこびの数理 ………………………………………47
§1　勝ち抜き戦とグラフ　　47
§2　基本的用語　　48
§3　勝ち抜き戦の試合数　　50
§4　総当たり戦と因子分解　　53
§5　総当たり戦における試合の組合せ構成法　　56

第5章　迷路図 ……………………………………………………61
§1　迷路　62
§2　基本的用語　64
§3　道の探索　67
§4　大邸宅迷路問題　69

第6章　順路図の設計 ……………………………………………75
§1　一筆書き　77
§2　一筆書きと催し会場順路計画　78
§3　一筆書きの可能性　79
§4　円卓問題と一筆書き　83

第7章　頂点巡りの数理 …………………………………………89
§1　頂点巡り　90
§2　頂点巡りと催し会場順路計画　94
§3　頂点巡りの可能性　98

第8章　一方通行の数理 …………………………………………102
§1　一方通行と一筆書き　102
§2　基本的用語　103
§3　2進数字の円形配列　106
§4　有向グラフの一筆書き可能性　110

第9章　しりとり遊びの数理 ……………………………………116
§1　しりとり遊びと頂点巡り　116
§2　しりとり遊び　119
§3　頂点巡りの可能性　122
　3.1　ハミルトン閉路　122
　3.2　ハミルトン道　127

第10章　見合い結婚の数理 ……………………………130
　§1　集団見合いと2部グラフ　　130
　§2　基本的用語　　133
　§3　集団見合い　　136
　§4　委員長選出問題　　142

第11章　路の交差の数理 …………………………………144
　§1　鉄道線路の交差問題　　144
　§2　基本的用語　　148
　§3　オイラーの公式　　150
　§4　平面上の線引き問題　　154

第12章　地図の色分け ……………………………………158
　§1　地図の色分け　　158
　§2　基本的用語　　160
　§3　地図の染色数　　163

第13章　線の色分け ………………………………………170
　§1　線の色ぬりゲーム　　170
　§2　同色三角形　　173
　§3　配電線の識別　　180

第14章　輸送問題 …………………………………………185
　§1　送水量の上限　　185
　§2　基本的用語　　189
　§3　最大限の救援対策　　194

第15章　数え上げ問題 ……………………………………200
　§1　ネックレス問題　　200

§2　基本的用語　203
§3　ネックレスの同値性　206
§4　ネックレスと巡回指数　211
§5　ポリヤの定理　212
§6　グラフの数え上げ　215

参考文献　219
索引　221

第1章　友達関係の数理

　点および点と点を結ぶ線（辺）だけから作られる図形を**グラフ**といいます．（高等学校では曲線の方程式を満たす点の集合のことを，その方程式のグラフと呼んでいましたが，ここでのグラフは，この方程式のグラフとは意味が違っています．）このようなグラフの性質などについての研究，つまり**グラフ理論**（最近は**グラフ論**あるいは**グラフ学**とも呼ばれています）は，コンピューターの発達とともにますます盛んになり，現在の数学の中で，重要な一つの分野になっています．

　グラフについての研究の歴史は思ったより古く，グラフ論に関する最初の論文は，スイス生まれの大数学者レオナルド・オイラー（1707—1783）が，サンクト・ペテルブルグ（旧レニングラード）の科学アカデミーに発表した1736年の論文だといわれています．この論文はケーニヒスベルグ（現在のロシアの都市カリーニングラード）の橋渡りの問題を取り扱っています．（この問題はあとでふれます．）

　読者の皆さんは電子回路網，通信網，交通網，ネットワークといった言葉を，テレビ，新聞，雑誌などで見・聞きされていることと思います．実際，電子計算機のふたをあけ，中をのぞいてみますと，非常に多くの電線が複雑に配線（または，プリント配線）されているのが見られます．また，大都会の道路地図を見ても，各町を結ぶ道路が網の目のようにかかれているのがわかります．たとえば，次の図1は大阪市の地下鉄案内図です．

　…網とかネットワークとかは，このシリーズで話題にするグラフの一種です．今後，いろいろな話題の中で，少しずつ理解できるようになると思いま

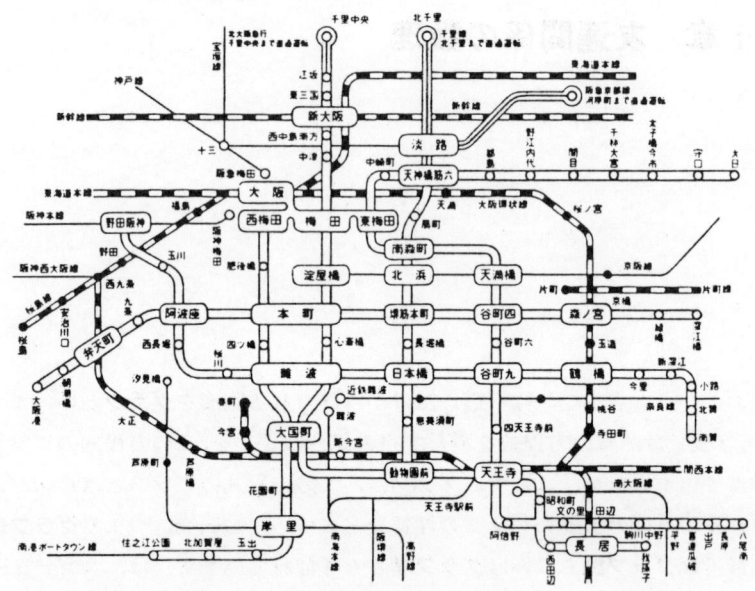

図1　大阪市の地下鉄案内図

すが，グラフというのは，グラフを構成している点や辺に，物事や関係を対応させ，物事の関係を目に見えるように，直観的にわかりやすく，しかも本質的な部分がはっきり言い表せるようにした一つの表現形式だといえるのです．

§1. 人間関係とグラフ

たとえば，ここに5人の女の子がいるとします．彼女たちの名前を仮に，聖子，優，奈保子，桃子，明菜としておきます．彼女たちは次のような友達関係になっているものとします．

「聖子は優，奈保子，桃子と友達であるが，明菜とは面識がない．優は奈保子，明菜とは友達であるが，桃子とは面識がない．奈保子は桃子をよく知らないが，明菜はよく知っている．桃子と明菜はお互いに未知である」

ここでいう友達とは，お互いに友達という意味に使っています．すなわち，

AさんがBさんの友達だとした場合，当然BさんはAさんの友達でもあると考えるわけです．したがって，知り合い，面識があるという言葉と同じ意味だと考えてください．

5人の女の子のこういった人間関係を表にしてみましょう．表1は面識・不面識の関係を示した表です．ここで，○はお互いに友達であることを示し，×はお互いに面識がないことを示しています．だれとだれが友達であるかないかについて，上に述べた文章とこの表を比べてみたとき，どっちのほうがわかりやすいと思われるでしょうか．

表1　人間関係表

	聖子	優	奈保子	桃子	明菜
聖　子		○	○	○	×
優	○		○	×	○
奈保子	○	○		×	○
桃　子	○	×	×		×
明　菜	×	○	○	×	

次に，彼女たち5人の人間関係を，別の表現方法を使って説明してみましょう．今度は，各女性を点で表し，お互いに友達のとき二つの点を線で結ぶ

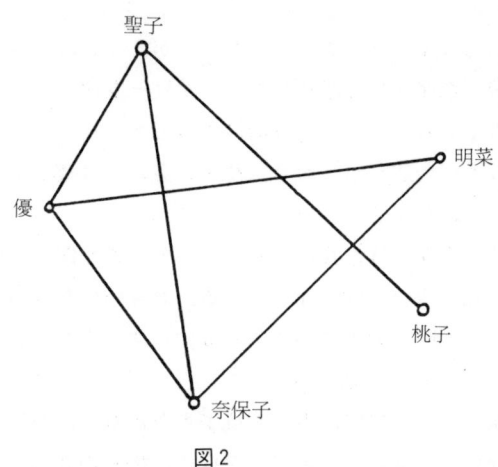

図2

ことにすれば，図2がえられます．このような図は一つのグラフです．この図を見るとわかりますように，グラフの辺は書き方によっては，指定された点以外のところで交わることもあります．これはグラフを平面上に無理にかこうとするためか，2点を結ぶ辺を直線で結ぼうとするために生ずるものです．図2はあとの場合で，点の配置は変えないで，辺は互いに交わらないようにかけば，図3のようになります．これら図2も図3も，表1の人間関係を忠実に表しており，したがって，図2と図3は本質的には同じ内容を表したグラフだと考えられます．

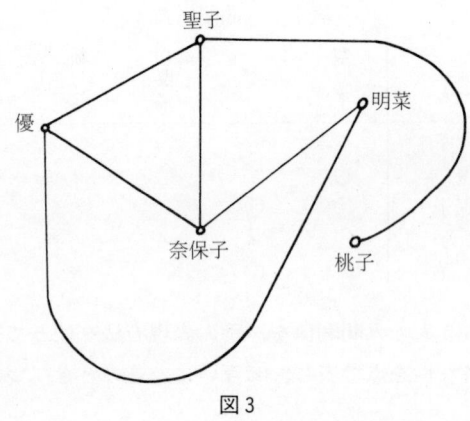

図3

図3を眺めてみますと，次のようなことがすぐにわかります．
(1)聖子，優，奈保子はそれぞれ3人の女性と友達であり，桃子はさびしく友達が1人である．このことは図3をみると，初めの3人を示す点からは，それぞれ3本ずつ辺が出ており，桃子の点からは辺が1本しか出ていないことからすぐにわかる．
(2)聖子，優，奈保子はお互いに知り合いで，また優，奈保子，明菜の3人もお互いに知り合いの仲になっている．お互いに知り合いの3人(**トリオ**)がいることは，図3の中に図4や図5に示すような，3辺で閉じた図形が含まれていることからもわかる．
(3)聖子と奈保子は友達で，聖子と桃子も友達だが，奈保子と桃子はお互いに面識がない．すなわち，聖子，奈保子，桃子の3人はトリオになってい

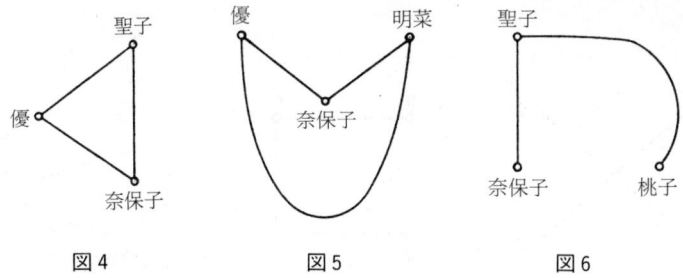

図4　　　　　　図5　　　　　　　図6

ない．このことは，3人を表す3点を結ぶ閉じた図形がないことからもすぐにわかる．(図6)

このようなことは，最初に述べた文章や，表1を眺めてみるだけではわかりません．したがって，図2や図3に示したグラフは，文章や表1よりもうんとわかりやすい表現だといえます．

§2. 基本的用語

グラフは，グラフ論の中で次のように定義されています．有限集合 V の異なった二つの要素からなる部分集合全体の集合を $\binom{V}{2}$ とし，E を $\binom{V}{2}$ のある部分集合としたとき，V と E の組 (V, E) を**グラフ**と呼んでいます．さらに，V の要素は**点**，E の要素は**辺**と呼ばれています．たとえば，四つの点からなる集合 $V=\{a, b, c, d\}$ を考えてみますと，$\binom{V}{2}$ は $_4C_2=6$ 個の要素からなる集合

$$\{\{a, b\}, \{a, c\}, \{a, d\}, \{b, c\}, \{b, d\}, \{c, d\}\}$$

となります．$\binom{V}{2}$ の部分集合 E を

$$\{\{a, b\}, \{a, c\}, \{b, d\}\}$$

としたとき，グラフ (V, E) を図示すれば，図7のようになります．この図7では，辺 $\{a, c\}$ と辺 $\{b, d\}$ が交わっていますが，この交わった点がグラフ上の点ではないことは，前節で説明した通りです．

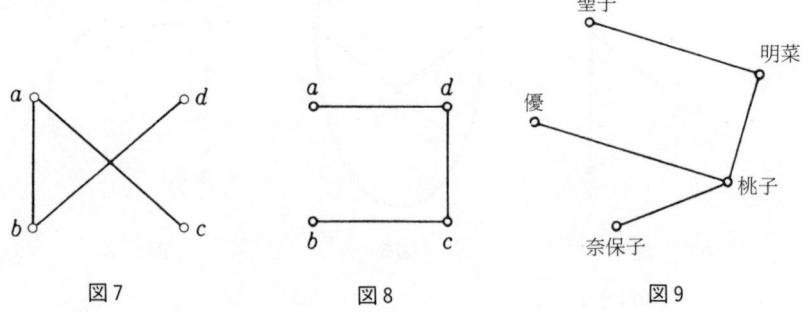

図7　　　　　　図8　　　　　　図9

　辺の集合として，E の補集合（E に含まれていない辺全体の集合）E^c をとったとき，グラフ (V, E^c) をもとのグラフ $G=(V, E)$ の**補グラフ**といい，$\overline{G}$ で表します．補グラフを作るには，点はもとのままとし，結ばれていない辺は結び，逆に結ばれている辺は結ばないようにすればよいのです．たとえば，図7の補グラフをかけば図8のようになるし，図2の補グラフは図9のようになります．

　辺の集合として $\binom{V}{2}$ をとるとき，グラフ $\left(V, \binom{V}{2}\right)$ を**完全グラフ**といいます．特に，V に含まれている点の数が n のとき，**n 点完全グラフ**といい，K_n で表します．先程のトリオは3点完全グラフ K_3 となっています．

　ここで定義したグラフは，もっと一般的なグラフを取り扱う立場でいえば，**単純グラフ**といわれている特別なものです．

　図2あるいは図3は

　　$V=\{$聖子，優，奈保子，桃子，明菜$\}$
　　$E=\{\{$聖子，優$\},\{$聖子，奈保子$\},\{$聖子，桃子$\},\{$優，奈保子$\},\{$優，明菜$\},\{$奈保子，明菜$\}\}$

を組とするグラフを図にかいたものです．このグラフで聖子と優は友達で，辺で結ばれています．グラフ論では V の部分集合 $\{u,v\}$ が E に属しているとき，u と v は**隣接**しているといいます．このとき，辺 $\{u,v\}$ は点 u または点 v に**接続**する，点 u または点 v は辺 $\{u,v\}$ に**接続**するといいます．また，二つの辺が同一の点 u に接続するとき，この二つの辺は点 u において**隣接**

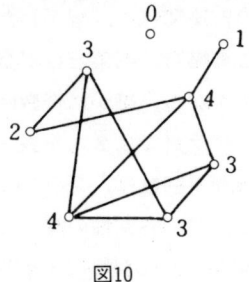
図10

するといいます.聖子の友達は3人ですが,グラフ論ではこの人数を次数といいます.つまり,Vの点uと隣接している点の数(uに接続する辺の本数)を**次数**といい,$d(u)$で表します.図10に示したグラフには,各点の次数をその点のすぐそばに記入しておきました.また,5人の女性の例でいえば,各女性の次数は次のようになります.

$$d(聖子)=d(優)=d(奈保子)=3$$
$$d(明菜)=2, \quad d(桃子)=1$$

辺が1本も出ていない点,つまり次数が0の点を**孤立点**といい,次数が1の点を**端点**といいます.さらに,次数が奇数である点を**奇点**,次数が偶数である点を**偶点**といいます.

§3. 握手の問題

まず,パズルの問題からはじめましょう.

> **パズル1** あるパーティーで,それぞれ,いろいろな人と握手をかわしました.出席者の人数が何人であっても,奇数回握手した人の人数を調べてみれば,必ず偶数のはずだというのです.そのわけを考えてください.

正式の握手は2人が右手を使ってするもので,ここでは握手をしている手を,他の人がその上から握るような変則的な握手は考えないことにします.そうすると,握手をした2人の関係と,友達関係とは同じになります.

先程の5人の女性たちの友達関係を，握手したかしないかの関係と読みかえて考えてみましょう．この場合，明菜だけが握手を2回しており，残り4人は握手を奇数回していますから，確かに奇数回握手した人数は偶数になっています．2人の握手は，グラフでは2人を表す2点を結ぶ辺として表されますし，それぞれの女性の握手回数は，グラフでいえば，その女性を表す点の次数になっています．そこで，各女性の握手回数の総和をとると

$$d(聖子)+d(優)+d(奈保子)+d(桃子)+d(明菜)=3+3+3+1+2=12$$

というように，偶数になります．

この理由を一般的に考えてみましょう．だれも右手を使った正式の握手をしたとすれば，1回の握手で2本の右手が使われることになります．したがって，このパーティーで何回握手がかわされたとしても，握手に使われた手の数は，パーティーでの握手総数の2倍となり偶数です．この握手に使われた手の数とは，パーティー出席者全員の握手の総和ですから，

「パーティー出席者全員の握手の総和は，つねに偶数である」ということがわかります．これを**握手原理**といいます．グラフでいえば，各自の握手回数は，その人を表す点の次数ですから，握手原理は次のように述べられます．

握手原理 グラフにおいて，各点の次数の総和はつねに偶数である．

V が n 個の点 $v_1, v_2, \cdots, v_n$ からなるとき，握手原理は

$$d(v_1)+d(v_2)+\cdots+d(v_n) \text{ は偶数である}$$

と述べることができます．…の入った長たらしい式 $d(v_1)+d(v_2)+\cdots+d(v_n)$ を，簡略化するため

$$\sum_{i=1}^{n} d(v_i) \text{ とか，} \sum_{v \in V} d(v)$$

などと略記します．

E が q 個の辺からできているときには，握手原理はもっと詳しく

$$\sum_{i=1}^{n} d(v_i)=2q$$

と表すことができます．一般にある有限集合 M の要素の数を $|M|$ で表すことにしますと，握手原理は次のように述べることができます．

> **握手原理** グラフ(V, E)において
> $$\sum_{v \in V} d(v) = 2|E|$$
> が成立する．

　ここで，先程のパズル1に話をもどすことにしましょう．奇数回握手した人の人数が仮に奇数だったとします．すると奇数回握手した人全部の握手回数の合計は，奇数ばかりを奇数個足すことになり，答えは奇数となります．ところが一方，偶数回握手した人の握手回数の合計は偶数ですから，握手した人の握手回数の総和は奇数となってしまいます．

　　握手した人の握手回数の総和
　　＝奇数回握手した人の握手回数の和＋偶数回握手した人の握手回数の和
　　＝奇数＋偶数＝奇数

　これは握手原理と矛盾します．この矛盾は，最初奇数回握手した人の人数が奇数だと考えたために生じたことですから，奇数回握手した人の人数は偶数でなくてはなりません．

　これでパズル1は解決しました．これをグラフでの内容として述べ直してみますと，次のようになります．

> **奇点定理** グラフにおいて，奇点の数はつねに偶数である．

　もう1問，パズルを出してみましょう．

> **パズル2** あるパーティーに35人の出席者がありました．お互いに握手をしあって歓談をしたのですが，このパーティーの出席者の中に偶数回握手した人が必ずいるはずだというのです．そのわけを説明してくれませんか．ただし，0も偶数の中に含めて考えます．

　この証明は簡単です．35人を表す35個の点全部が奇点だとすると，奇点が奇数個となってしまい，奇点定理に矛盾します．したがって，偶点が少なくとも一つ存在します．

　これで証明は終りました．この内容をもう少し詳しく述べれば，次のよう

になります．

> 奇数個の点からなるグラフでは，奇点の数は偶数で，偶点の数は奇数である．

> 偶数個の点からなるグラフでは，奇点の数も偶点の数も，ともに偶数である．

§4．友達の人数

> **パズル3** クラスの人数が何人であっても，そのクラスの中での友達の人数が等しい2人が必ずいるというのです．この場合も，A君がB君の友達なら，当然，B君はA君の友達だという意味に，友達という言葉を使うことにします．

このパズルを考えるために，部屋割り論法といわれる原理の話をしておきます．

> **部屋割り論法** n室に$n+1$人以上の人を入れようとすれば，相部屋のところ（同じ部屋に2人以上が入るところ）が必ずできる．

部屋の数よりも，入る人数の方が多いので，どこか2人以上が入る部屋ができるのは当然のことで，論法とか原理とか，ぎょうぎょうしくいう程もないように思われますが，なかなか有効な考え方です．これは19世紀のドイツの数学者ディリクレが，ある定理を証明するときに利用したので，**ディリクレの原理**とか，**鳩の巣箱の原理**，**引き出し論法**などとも呼ばれています．

パズル3を考えてみましょう．最初，友達が1人もいないような孤独な人はこのクラスにはいないとしてみます．友達を1人もっている人を第1の部屋に入れ，友達が2人の人を第2の部屋に入れるというように，友達の人数によって部屋割りをします．一般に，友達がi人いる人は第iの部屋に入ってもらうのです．このクラスの人数がn人としますと，一番友達の多い人でも

クラス内での友達数は $n-1$ 人までですから，用意しておく部屋数は $n-1$ 部屋で十分です．さて，クラス全員の n 人を $n-1$ 部屋に入室させるわけですが，部屋割り論法により，どこかに2人以上が入室している部屋ができます．同じ部屋に入っている2人の友達数は等しいわけですから，これで孤独な人はいないとしたときの証明はすんだことになります．

次に，孤独な人がいる場合を考えますが，このような人が2人以上いれば，その2人の友達数は0で等しいわけですから，これで話はすみます．そこで，友達がだれもいない人が1人だけだとしてみます．その1人を除いた残りは，だれも友達が1人以上いますので，この人たちの中に友達の人数の等しい2人がいることは，上で既に証明した通りです．したがって，友達の人数の等しい2人がいることがわかります．

これでパズルの解答が全部すみました．このパズルをグラフとして述べ直しておきましょう．

等次数定理 グラフにおいて，次数の等しい2点が存在する．

§5. トリオの存在

前節で述べた部屋割り論法を拡張したものについて説明しておきます．

拡張された部屋割り論法 m, n は整数で，$0 < n < m$ をみたすとき，n 室に m 人以上の人を入れようとすれば，$\left[\dfrac{m-1}{n}\right]+1$ 人以上の人が入っている部屋が必ずある．

ここで，[ ] はガウスの記号といわれるもので，$[x]$ は x を超えない最大の整数を表しています．このとき，任意の実数 x について
$$[x] \leq x < [x]+1, \quad x-1 < [x] \leq x$$
が成り立つことを注意しておきます．

上の原理が成り立つ理由は簡単です．どの部屋の入室者も $\left[\dfrac{m-1}{n}\right]$ 人以下

だとしますと，n 部屋の収容人員の合計は m 人より少なくなってしまいます．なぜなら

$$n\left[\frac{m-1}{n}\right] \leq m-1 < m$$

が成立するからです．したがって，どこかに $\left[\dfrac{m-1}{n}\right]$ 人より多く入室している部屋があるはずです．

> **パズル4** ある野球大会に多くのチームが出場しましたが，この中からどの6チームを選んだとしても，この6チームの中には必ず「今までお互いに対戦しあったことがあるか，またはお互いに1度も対戦したことがない」ような3チームが必ずあるというのです．このことを証明してください．

6チームのうちの a チームと，今まで対戦したことがあるかないかによって，残りの5チームを2組に分けてみます．拡張された部屋割り論法により，どっちかの組は $\left[\dfrac{5-1}{2}\right]+1=3$ チーム以上のはずです．ここでは，a チームとこれまで対戦したチームのほうが，3チーム以上であったとしますが，対戦したことがないチームのほうが，3チーム以上であるとしても，以下の話は同じように進められます．

a チームと対戦したことのある3チームを b, c, d チームとしましょう．対戦したことのあるチームどうしを辺で結び，図11のようなグラフとして表し

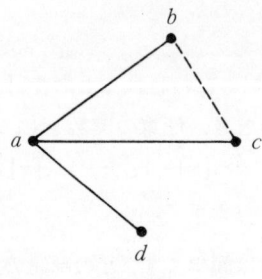

図11

ます．

　もし，b, c, d の 3 チームのうちに，これまで対戦したことのある 2 チームがあったとします．これをどの 2 チームとしてもよいのですが，仮に b と c だとしますと，a, b, c の 3 チームは，これまでお互いに対戦したことのある 3 チームとなり，これで話はすみます．

　今度は，b, c, d の 3 チームがこれまで 1 度もお互いに対戦したことがなかったとしますと，この b, c, d 3 チームが問題の条件をみたす 3 チームとなります．

　いずれにしても，条件をみたす 3 チームが存在することがわかりました．

　以上で，パズルの証明はすみました．このパズルに述べられている内容は，**ラムゼイの定理**といわれています．お互いに辺で結ばれている 3 点をトリオ K_3 といいましたが，補グラフのトリオを，もとのグラフの**反トリオ**といい，$\bar{K}_3$ で表すことにします．すると，ラムゼイの定理は次のように述べられます．

6 点のラムゼイ定理　6 点以上からなるグラフには，トリオ K_3 か反トリオ $\bar{K}_3$ が存在する．

第2章　回路網の設計

　グループのメンバー間の情報交換(コミュニケーション)，通信はどのような形で行なわれるのでしょうか．グループの単位が小さい場合，たとえば，2，3人とかいった小人数のときとか，狭い教室内でのときには，その通信は言葉や文字，または身ぶりによって行なわれるでしょう．グループの単位が大きくなったり，非常に広い範囲に及ぶ場合などには，昔はのろしや手旗信号によって情報の通信が行なわれていました．技術の発展により，電気通信の方法が取られ，最近はレーザ光による通信も可能となってきました．

　しかし，どのような通信手段によろうと，グループのメンバー間に通信が行なわれれば，グループのメンバー間に一つの関係が生まれます．すなわち，一つの**回路網**が与えられたことになります．グループのメンバーを点で表わし，通信が直接行なわれるメンバーとメンバーに対して対応する点と点を辺(通信路と呼ばれる)で結ぶと，回路網は前章で定義したグラフになります．ここでいうメンバー間の通信はお互いが直接通信し合えることを意味しています．ここでは，メンバー間の通信に物理的な容量は考えないで，どのメンバーが互いに通信し合っているか，あるいは通信し合えるかといった問題のみを考察していくのです．

　たとえば，ある電話回路網において，a, b, c, d, e なる五つの中継局があって，a と b，a と c，a と d，b と e，c と d のお互いが通信を直接行なっているとします．このときの回路網は局が点で表わされ，辺の集合として，$\{a, b\}, \{a, c\}, \{a, d\}, \{b, e\}, \{c, d\}$ をもつようなグラフとして表現されます．このグラフを図示したものが図1です．この回路網において，たとえば b と c

§1. 試合の組合せと回路網　15

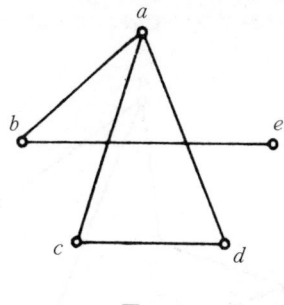

図1

はa局を経由して通信ができますが，回路網を表わすグラフにおいては点bと点cは辺で結ばないと約束します．つまり，間接的に通信を行うことができる局に対応する2点は辺で結ばないことにするのです．

図1で，たとえば点aの次数は3，点eの次数は1ですから，図1で表わされる回路網では，a局のもっている通信路は3本，e局の通信路は1本であることがわかります．回路網において，中継局がもっている通信路の本数をグラフの用語にちなんで，その**局の次数**と呼ぶことにします．普通，通信機能をもった中継局は機械の能力によりもち得る次数に制限があります．しかし，この制限一杯に，それぞれの局を通信路で結合させたいのです．このような回路網の設計問題は負でない整数の列が与えられて，これを次数列にもつグラフがかけるかどうかという問題に帰着させることができ，以下でこのことを考えていきましょう．

§1. 試合の組合せと回路網

回路網の設計はあるスポーツの試合での出場チームの組合せに対応して考えることができます．たとえば，ある市での五つの学校a, b, c, d, e間の野球の対校試合を考えてみましょう．秋晴れの良い数日を選んで試合を行なうことになりました．毎日，その日に行なわれる試合の組合せが発表されます．ある日，試合をする組合せはaとc，aとd，aとe，bとc，bとdでした．この組合せをわかりやすくするのに，グラフが有効であることは第1章

で学びました．この組合せをグラフで表わすと図2の通りになります．この

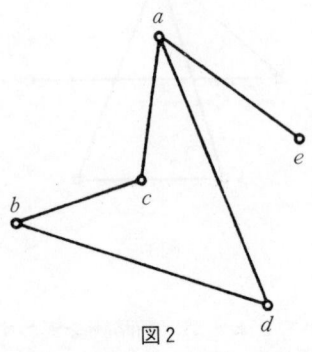

図2

グラフによって観客はチーム a は c と d と e の3チームと試合をし，チーム b との試合は今日は行なわれないということがわかります．また，各チームの試合数は各点の次数で表わされ次の通りです．

$$d(a)=3, d(b)=2, d(c)=2, d(d)=2, d(e)=1.$$

さて，図2のグラフを**次数列**3，2，2，2，1のグラフと呼んでみることにしましょう．もちろん，次数の並べ方はここでは問題にしていません．したがって，このグラフは次数列2，1，2，3，2のグラフといってもよいし，次数列2，3，2，1，2のグラフと呼んでもよいのです．

パズル1 a, b, c, d, e, f, g の7チームが集まり，いくつかの球場に分かれて野球の試合をすることになりました．最初の日，各チームの行なった試合数は

チーム名	a	b	c	d	e	f	g
試合数	2	2	4	4	3	1	0

でした．さて，どのような組合せで試合が行なわれたのでしょうか．考えられる組合せをすべて書き出して下さい．

チーム g の試合数が0なので，最も多く試合を行なったチーム c（チーム d で考えてもよい）の試合の組合せは $_5C_4=5$ 通りです．f の試合数が1で，しかも d の試合数が4だから，それら5通りの組合せの一つは除外されます．

残り4通りの組合せの各々について，各チームの試合数を考慮して，試合の組合せをグラフで表しますと図3に示した5種類のグラフとなり，これらが求める結果です．

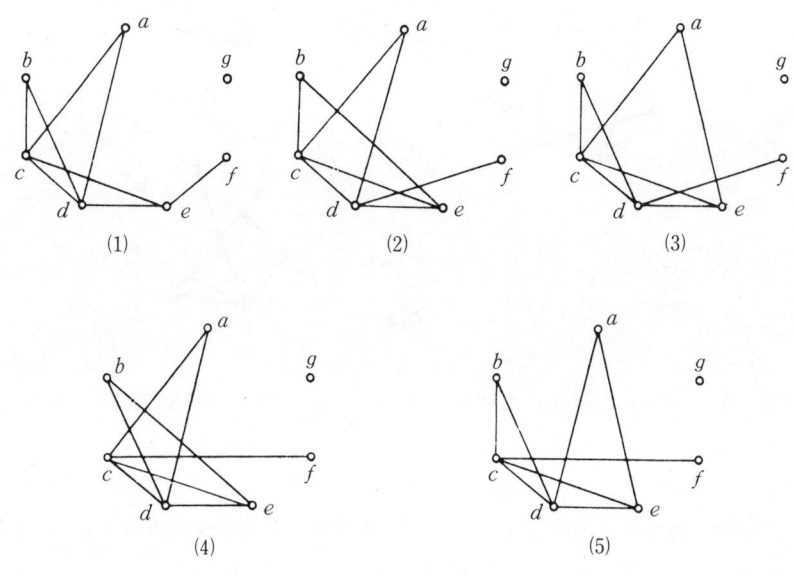

図3

チームの試合の組合せは一つの電話回路網に置きかえられます．ここで，チームは中継局に，試合をするチーム同士は直接通信する中継局の間の通信路に対応します．したがって，図3の5種類のグラフは七つの中継局がパズル1のチームの試合数を局の次数にもつ場合の可能な回路網を示したものであることがわかります．

図3に示した5種類のグラフについてもう少し考えてみましょう．これらのグラフはいずれも次数列2，2，4，4，3，1，0をもつことがわかります．これらのうち，点の名前のつけかえだけで形が同じになるもの（同型なもの（第15章参照））があります．たとえば，(3)において a と b の名前を入れかえると，図4の操作により(2)になることがわかります．

18   第2章 回路網の設計

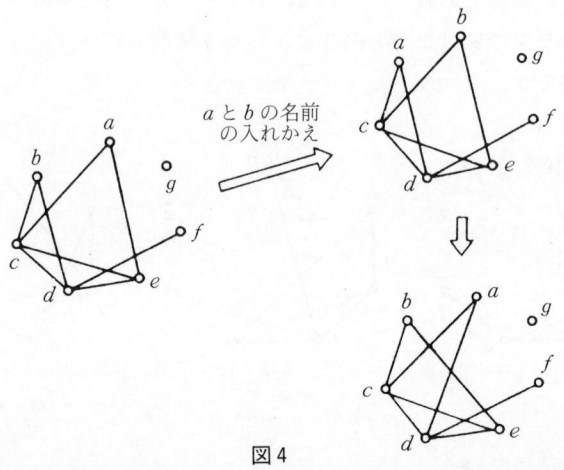

図4

(4), (5)についても適当に名前をつけかえることにより図3の(2)になることが確かめられます．しかし，図3の(1)はどのように名前を入れかえても(2)から(5)までのどのグラフにもなりえません．このように同じ次数列をもつグラフでも形の違った（同型でない）グラフが得られることがあります．

§2. 友達関係と回路網

回路網の設計はあるグループの中での友達関係に置きかえて考察することもできます．

パズル2 a, b, c, d, e, f, g の7人からなるグループにおいて，各メンバーがこのグループの中で何人の友達がいるかというアンケート調査をしてみました．アンケートの結果は次の通りです．ただし，ここでいう友達とはお互いに友達という意味に使っています．

	a	b	c	d	e	f	g
友達の人数	6	4	4	2	2	1	1

このアンケートからどんな事がわかるでしょうか．

友達関係は一つのグラフで表現されるということを第1章で勉強しました．したがって，まず問題となるのはこのアンケート通りのグラフが実際にかけるかどうかです．この場合，各人が点で表わされ，お互いが友達関係にあるとき，対応する2点を辺で結びます．さて，読者の方々は紙と鉛筆を用意して下さい．紙面上に七つの点を書き，これらの点に $a, b, \cdots, g$ と順次名前をつけて下さい．a 氏は6人の友達がいるといっていますので，当然点 a はすべての点に隣接することになります．次に，b 氏は4人の友達を持っており，f, g の両氏の持っている友達の人数は各々1人ですから，点 b は c, d, e の3点と隣接していなければなりません．c 氏の場合，持っている友達の人数は4ですので，点 c はすでに隣接関係にある2点 a, b のほかに，さらに2点と隣接していなければなりません．しかし，このことは不可能です．というのは，点 d, e, f, g はすでに与えられた次数だけの辺に接続しているからです．以上のことから，このアンケートを反映したグラフをかくことができません．したがって，このアンケートからいくつかのことが推定できるでしょう．7人のうちの誰かが友達の人数について，うそをついているか，あるいは間違ってアンケート用紙に書いたか，それとも一方的に友達と思っているだけ，つまり片思いなのにお互いに友達と思って人数を書き込んだかです．このほかにもいろいろ考えられるかもしれません．

　このパズルの解答は友達の人数のリストを中継局の次数列にする回路網を構築することができないということを示しています．ここで，中継局はグループのメンバーに対応し，局の次数は対応するメンバーが持っている友達の人数です．次の節で，与えられた整数列を次数列にもつグラフが存在するかどうか，すなわち回路網の設計の可能性について考えることにしましょう．

§3. 回路網の設計可能性

　第1節の初めに述べましたように，グラフが与えられた場合，そのグラフの各点の次数を一列に並べることにより，そのグラフの次数列が得られます．パズル1と2は整数列が与えられて，この列に現われる各整数を次数にもつグラフが存在するかどうかを問題にしました．前者は対応するグラフが存在

する場合であり，後者は対応するグラフが存在しない場合です．このことは結局，n 個の中継局について，局の次数 d_i を勝手に与えたとき，各局がちょうど次数 d_i 本の通信路をもつような回路網を設計することができる場合もあり，できない場合もあることを教えています．そこで，回路網の設計可能性について一般的な考察を試みてみましょう．そのために，一つの用語を定義しておきます．

整数の列 $s : d_1, d_2, \cdots, d_n$ が**グラフ化可能数列**であるというのは，n 個の点 $v_1, v_2, \cdots, v_n$ をもつあるグラフ G に対し，各 i について $d(v_i) = d_i$ が成り立つことです．グラフ化可能数列は単に**グラフ的**と呼ばれることがあります．

たとえば，$n=5$ のとき整数列 4，3，2，2，1 は図5のグラフで，$d(v_1)=4$，$d(v_2)=3$，$d(v_3)=2$，$d(v_4)=2$，$d(v_5)=1$ が成り立ち，グラフ的であることがわかります．図5の点のそばに書いてある数字はその点の次数を表わしています．

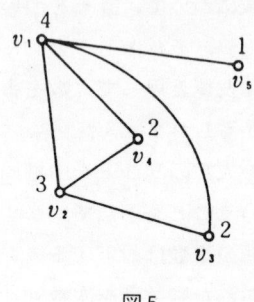

図5

四つの整数の列 3，3，3，1 がグラフ的でないということが示されますが，読者に演習問題として残しておきましょう．

パズル1で与えた試合数の列 2，2，4，4，3，1，0 はグラフ的である一つの例であって，パズル2で与えた友達の人数の列 6，4，4，2，2，1，1 はグラフ的でない一つの例です．

さて，ここで一般的な話にもどしましょう．整数列 $s : d_1, d_2, \cdots, d_n$ がグラフ的ならば，必ず $0 \leq d_i \leq n-1$ ($i=1, 2, \cdots, n$) であることは明らかで，また，

$d_1, d_2, \cdots, d_n$ の並び方を勝手に変えて得られる整数列もグラフ的であることはパズル 1 のすぐ前の注意からもすぐにわかります．与えられたグラフの次数列がグラフ的であることはもちろんです．負でない整数列 $s : d_1, d_2, \cdots, d_n$ が次の条件：

(1)　$d_1 + d_2 + \cdots + d_n$ が奇数である．

(2)　$d_1, d_2, \cdots, d_n$ の中に奇数が奇数個ある．

(3)　n が奇数のとき，$d_1, d_2, \cdots, d_n$ の中に偶数が偶数個ある．

(4)　n が偶数のとき，$d_1, d_2, \cdots, d_n$ の中に偶数が奇数個ある．

(5)　$d_1, d_2, \cdots, d_n$ がすべて異なっている．

のうちの一つを満たすときには，s はグラフ的ではありません．(1)は握手原理，(2)は奇点定理，(5)は等次数定理によります．

以上見てきましたように，整数列の与え方によってはそれを次数列にもつグラフが少なくとも一つはかける場合もあり，どんなに苦労してもそれを次数列にもつグラフがかけない場合があることがわかりました．そこで，問題を整理してみますと，二つの疑問が自然に生じてきます．その一つは，上の条件以外に，与えられた整数列がグラフ的かどうかを判定するのにどのような方法があるのかということ，第二の疑問は，グラフ的な整数列が与えられたとき，それを次数列にもつグラフをいかにして構成すればよいのかということです．

最初の疑問に答えたのは，エルデスとガライという 2 人の数学者で，それは判定条件的性格のものでした．またハーベルとハキミがそれぞれ互いに独立に，違った形の解答を与えました．この解答は構成的性格，つまりアルゴリズム的性格の強いもので，第二の疑問に答えたものになっています．これはハーベル-ハキミの定理として知られています．

> **ハーベル-ハキミの定理**　負でない整数の列 $s : d_1, d_2, \cdots, d_n$ ($n \geq 2$, $d_1 \geq d_2 \geq \cdots \geq d_n$, $d_1 \geq 1$) がグラフ的であるための必要十分条件は整数列 $s_1 : d_2 - 1, d_3 - 1, \cdots, d_{d_1+1} - 1, d_{d_1+2}, \cdots, d_n$ がグラフ的であるということである．

s_1 がグラフ的ならば，$n-1$ 個の点 $v_2, v_3, \cdots, v_n$ をもち，それらが次数

$$d(v_i) = \begin{cases} d_i - 1, & i = 2, 3, \cdots, d_1+1, \\ d_i, & i = d_1+2, d_1+3, \cdots, d_n \end{cases}$$

をもつグラフ G_1 が存在します．この G_1 に新しい点 v_1 を付加し，v_1 を G_1 の d_1 個の点 $v_2, v_3, \cdots, v_{d_1+1}$ と結ぶことにより得られるグラフを G とすると，G は n 個の点 $v_1, v_2, \cdots, v_n$ をもち各点の次数は $d(v_i) = d_i$ $(i=1,2,\cdots,n)$ です．したがって，s はグラフ的であることがわかります．

このことを次の例で見てみましょう．$n=7, d_1=5, d_2=5, d_3=5, d_4=4, d_5=4, d_6=3, d_7=2$ とし，グラフ的な整数列 4, 4, 3, 3, 2, 2 を考えます．図 6 はこれを次数列にもつグラフで，それを G_1 とします．

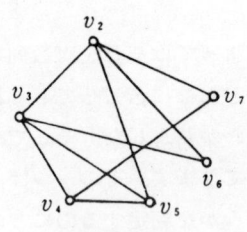

図 6　グラフ G_1

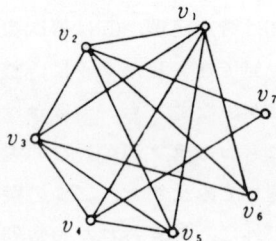

図 7　グラフ G

このグラフ G_1 に図 7 で見られるように新しい点 v_1 と新しい 5 本の辺 $\{v_1, v_2\}, \{v_1, v_3\}, \{v_1, v_4\}, \{v_1, v_5\}, \{v_1, v_6\}$ を付加することによりグラフ G が得られます．このグラフについて，$d(v_1) = d(v_2) = d(v_3) = 5, d(v_4) = d(v_5) = 4, d(v_6) = 3, d(v_7) = 2$ ですから，初めに与えた整数列 5, 5, 5, 4, 4, 3, 2 がグラフ的であることがわかります．

次に必要条件すなわち $s : d_1, d_2, \cdots, d_n$ ($n \geq 2, d_1 \geq d_2 \geq \cdots \geq d_n, d_1 \geq 1$) がグラフ的であるならば，$s_1 : d_2-1, d_3-1, \cdots, d_{d_1+1}-1, d_{d_1+2}, \cdots, d_n$ がグラフ的であることの証明ですが，これを与える代りに証明の手助けになる例を示しましょう．整数列として先に与えた，$d_1=5, d_2=5, d_3=5, d_4=4, d_5=4, d_6=3, d_7=2$ を次数列にもつグラフ G を考えましょう．ここで G は七つの点 $v_1, v_2, \cdots, v_7$ をもち，$d(v_i) = d_i$ $(i=1,2,\cdots,7)$ です．G が図 7 のように，v_1 が次数の大きい順すなわち $d_2, d_3, \cdots, d_{d_1+1}$ を次数にもつ d_1 個の点（この場合，

$v_2, v_3, \cdots, v_6$) に隣接していれば，G から v_1 を除き，それに伴って v_1 に接続する辺をすべて除くことによって，図6のグラフ G_1 が得られます．このグラフの次数列は 4，4，3，3，2，2 であり，すなわち整数列 5-1, 5-1, 4-1, 4-1, 3-1, 2 がグラフ的であることがわかります．G が図7の形でない場合，つまり v_1 が $v_2, v_3, \cdots, v_6$ の少なくとも一つに隣接していない場合，たとえば図8に示したグラフ G' のときでも辺の置き換えにより図7に帰着させることができます．このことを見てみましょう．

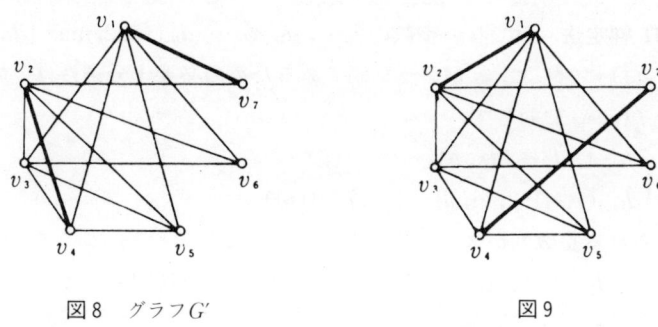

図8　グラフ G'　　　　　　　　　図9

v_{d_1+2} 以降の点で v_1 と隣接している点 v_k（図8では点 v_7）に注目します．また v_{d_1+1} 以前の点で，v_1 と隣接していない点 v_j（図8では v_2）に着目します．辺 $\{v_1, v_7\}$ をグラフ G' から除き，その代りに v_1 と v_2 を結ぶ，点 v_2 に隣接して，v_7 と隣接していない点の一つ，たとえば v_4 に対し辺 $\{v_2, v_4\}$ を除き，代りに v_4 と v_7 を結びます（図9）．図9は図7と同じグラフであることがすぐにわかります．図9から v_1 と，v_1 に隣接するすべての辺を除くことにより，整数列 5-1, 5-1, 4-1, 4-1, 3-1, 2 がグラフ的であることがわかります．この例証によりハーベル-ハキミの定理の証明は理解できるのではないでしょうか．

§4. 回路網の設計アルゴリズム

　中継局の次数を入力にして，この次数列をもつ回路網が設計できるかどう

かの判定結果を，また設計できるならばその回路網の一つを出力として与える流れ図（アルゴリズム）を考えてみましょう．その前に，用語を一つ定めておきます．整数列 $s: d_1, d_2, \cdots, d_n$ を次の二つの性質をもつ列 $d_{i_1}, d_{i_2}, \cdots, d_{i_n}$ に並べかえます．(1) $d_{i_1} \geq d_{i_2} \geq \cdots \geq d_{i_n}$，(2) $j < k$ に対し $d_{i_j} = d_{i_k}$ のとき $i_j < i_k$． $1 \leq d_{i_1} \leq n-1$ が成り立つとき，$\{i_2, i_3, \cdots, i_t\}$, $(t = d_{i_1}+1)$, を s における i_1-指数集合といい，$L(s, i_1)$ とかきます．また，$L(s, i_1)$ の要素を s における i_1-指数と呼びます．ハーベル-ハキミの定理は指数集合を用いて次のように言いかえられ，これを H-H 判定法と呼んでおきます．

H-H 判定法 負でない整数の列 $s: d_1, d_2, \cdots, d_n$ ($n \geq 2$, max $\{d_1, d_2, \cdots, d_n\} \geq 1$) に対して，$s$ がグラフ的であるための必要十分条件は s の指数集合 $L(s, i_1)$ に対して，

$$d'_j = \begin{cases} d_j - 1, & (j \in L(s, i_1)) \\ d_j, & (j \in \{1, 2, \cdots, n\} - L(s, i_1) \cup \{i_1\}) \end{cases}$$

で与えられる整数列がグラフ的であるということである．ここで，max $\{d_1, d_2, \cdots, d_n\}$ は $d_1, d_2, \cdots, d_n$ の中での最大な数を意味します．

たとえば，整数列 $s: d_1 = 2, d_2 = 2, d_3 = 4, d_4 = 4, d_5 = 3, d_6 = 1, d_7 = 0$ を考えてみましょう．パズル1で見られるようにこの列はグラフ的です．この列を上記の性質(1), (2)をもつように並べかえると，$d_3 = 4, d_4 = 4, d_5 = 3, d_1 = 2, d_2 = 2, d_6 = 1, d_7 = 0$ となり，s における3-指数集合 $L(s, 3)$ は $\{4, 5, 1, 2\}$ となります．したがって，H-H 判定法により，$d'_4 = d_4 - 1 = 3, d'_5 = d_5 - 1 = 2, d'_1 = d_1 - 1 = 1, d'_2 = d_2 - 1 = 1, d'_6 = d_6 = 1, d'_7 = d_7 = 0$ で与えられる整数列 $d'_1, d'_2, d'_4, d'_5, d'_6, d'_7$ がグラフ的であることがわかります．

パズル3 ある大都市の通信機能を充実させるために，八つの中継局が建設されることになりました．これらの局の名前を仮に a, b, c, d, e, f, g, h としておきます．各中継局の性能は必ずしも一様でなく，各局の次数は次の通りです．

	a	b	c	d	e	f	g	h
中継局の次数	6	6	4	3	3	2	2	2

各局がちょうどこの次数だけの通信路をもつような回路網が設計できるでしょうか．もし可能ならば，それの一つをグラフで表現してみて下さい．

中継局の次数列がグラフ的かどうかを H-H 判定法を用いて示しましょう．整数列 $d_1=6, d_2=6, d_3=4, d_4=3, d_5=3, d_6=2, d_7=2, d_8=2$ を s とし，これにさきの判定法を適用し，その結果得られる整数列に順次この判定法を適用し，また，対応する指数集合を求めていきます．この手続きをまとめたものが表1です．

表　1

整数列	$d_1 d_2 d_3 d_4 d_5 d_6 d_7 d_8$	指数集合
s	6 6 4 3 3 2 2 2	$L(s,1)=\{2,3,4,5,6,7\}$
s_1	5 3 2 2 1 1 2	$L(s_1,2)=\{3,4,5,6,8\}$
s_2	2 1 1 0 1 1	$L(s_2,3)=\{4,5\}$
s_3	0 0 0 1 1	$L(s_3,7)=\{8\}$
s_4	0 0 0 0	

最後の整数列 s_4 の中のすべての要素が0ですから，s_4 はグラフ的であることは明らかです．したがって，H-H 判定法により，整数列 s はグラフ的であること，すなわち，パズルで与えた次数をちょうどもつ中継局について，回路網が設計できることがわかりました．次にその回路網を表わすグラフをかいてみましょう．まず，s_4 を次数列にもつグラフは図10に与えたものです．表1における $L(s_3,7)=\{8\}$ に注意して，図10のグラフに点 v_7 を加え，v_7 と v_8 を結び（図11），次に $L(s_2,3)=\{4,5\}$ ですから図11のグラフに点 v_3 を加え，v_3 を v_4 および v_5 と結びます（図12）．さらに，$L(s_1,2)=\{3,4,5,6,8\}$ ですか

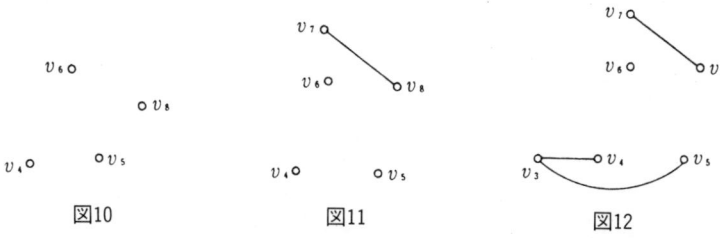

図10　　　　　　　図11　　　　　　　図12

ら，図12のグラフに点 v_2 を加え，v_2 を v_3, v_4, v_5, v_6, v_8 と結びます(図13)．最後に，1-指数集合 $L(s,1)$ に注意して図13のグラフに点 v_1 を加え，v_1 を v_2, v_3, v_4, v_5, v_6, v_7 と結ぶことにより，題意に適するグラフが得られます（図14）．

さて，n 個の負でない整数の列 $s : d_1, d_2, \cdots, d_n$ を入力としたときの流れ図を与えておきましょう．

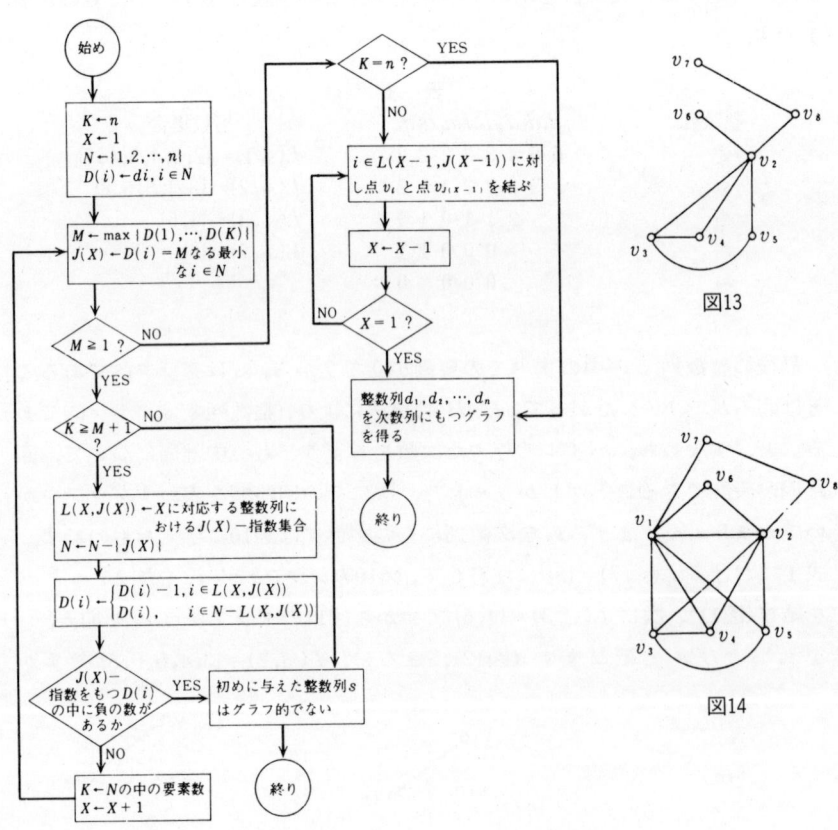

図13

図14

§4. 回路網の設計アルゴリズム

パズル4 9組の発電所 $a, b, \cdots, i$ が臨時の需要があった場合にお互いに電力を分け合うことができるように，相互に連結をしようと思います．種々の発電所の規模と潜在的需要を考えて，各発電所が直接結ぶことができる発電所の数は下の通りです．この場合，回路網の設計は可能でしょうか．

	a	b	c	d	e	f	g	h	i
結合したい発電所の数	3	6	8	5	8	4	8	7	7

結合したい発電所の数の列 $s : d_1=3, d_2=6, d_3=8, d_4=5, d_5=8, d_6=4, d_7=8, d_8=7, d_9=7$ を上記の流れ図の入力として表2を得ました．表2には必要事項のみを書いています．最後に生成された整数列，すなわち $X=6$ において負の数が現れましたので，s はグラフ的でないことがわかります．したがって，題意に適する回路網を設計することはできないということです．

表 2

X	$D(1)$	$D(2)$	$D(3)$	$D(4)$	$D(5)$	$D(6)$	$D(7)$	$D(8)$	$D(9)$	M	$J(X)$	指数集合
1	3	6	8	5	8	4	8	7	7	8	3	$L(1,3)=\{1,2,4,5,6,7,8,9\}$
2	2	5		4	7	3	7	6	6	7	5	$L(2,5)=\{1,2,4,6,7,8,9\}$
3	1	4		3		2	6	5	5	6	7	$L(3,7)=\{1,2,4,6,8,9\}$
4	0	3		2		1		4	4	4	8	$L(4,8)=\{2,4,6,9\}$
5	0	2		1		0		3	3	3	9	$L(5,9)=\{1,2,4\}$
6	-1	1		0		0						

さて，第3節で述べましたように，もう一つの判定法すなわちエルデス-ガライの定理と呼ばれるものを紹介しておきましょう．

エルデス-ガライの定理 負でない整数の列 $s : d_1, d_2, \cdots, d_n$ ($d_1 \geq d_2 \geq \cdots \geq d_n$) がグラフ的であるための必要十分条件は $\sum_{i=1}^{n} d_i$ が偶数で，かつ各整数 k ($1 \leq k \leq n-1$) に対して

$$\sum_{i=1}^{k} d_i \leq k(k-1) + \sum_{i=k+1}^{n} \min\{k, d_i\}$$

であることである．ここで，$\min\{k, d_i\}$ は k と d_i のうち大きくない方を値としてとることを意味します．

パズル 4 で考えた整数列について，$d_1=8, d_2=8, d_3=8, d_4=7, d_5=7, d_6=6, d_7=5, d_8=4, d_9=3$ とします．このとき，この定理を適用しますと，$k=5$ のとき $d_1+d_2+\cdots+d_5=38$ となり，一方上の不等式の右辺は $5\times(5-1)+\min\{5, d_6\}+\min\{5, d_7\}+\min\{5, d_8\}+\min\{5, d_9\}=20+5+5+4+3=37$ となります．したがって，$k=5$ のときこの判定法における不等式が成立しませんから，初めに与えた整数列はグラフ的でないことがわかりました．

二つの判定法の比較をしますと，エルデス-ガライの定理はハーベル-ハキミの定理と違って与えられた整数列がグラフ的であるかないかだけを判定し，それがたとえグラフ的であることがわかったとしても，対応するグラフを構成する手順を教えてはくれません．電子計算機を用いて判定する場合，n（整数列に現われる数の個数）が十分大きいときは，プログラム作成が易しいエルデス-ガライの定理のほうを用いれば非常に早い時間で判定が可能です．もしこのとき，グラフ的であることがわかれば，ハーベル-ハキミの定理のほうを用いて対応するグラフを構成すればよいでしょう．この意味で，二つの判定法を併用するのがよいと思われます．

第3章　命令伝達系統

　あるプロジェクトグループが何かの作業をする場合，だれかが，だれだれに指示するとか，だれかに指示されて作業を進めていくというようなことが普通だと思われます．グループの規模が大きくなるとか，命令の流れ（**命令伝達系統**）が複雑，多岐になる場合には，だれがだれに指示するのか，あらかじめよく決めておかない限り，命令（指示）の伝達がスムーズにいかなくなります．また，同じ命令を何人からも受ける場合には，わずらわしく感じるだけでなく，時にはそれぞれの伝達の内容が少しずつ異なり，場合によっては，相反することさえあり，作業の進行具合いに障害が起ることもあるでしょう．このような問題の考察の手助けになるものを考えてみることにしましょう．

§1．命令伝達系統と有向グラフ

　どのような規模のグループであっても，またどんな作業であっても，グループのメンバー間に命令を発する人およびそれを受け取る人があれば，グループのメンバー間に一つの関係が生まれます．すなわち，一つの命令伝達系統が与えられたことになります．命令伝達系統はいままでのグラフの辺に向きを与えた新しい形態で表現されます．ただし，命令の内容，正確さといった情報の質，量についてはここでは問題にしないことにします．一つの例を考えてみましょう．ある作業に従事している6人の人たち a, b, c, d, e, f がいるとします．ある決まった指示を a 氏は b 氏と d 氏と f 氏に，b 氏は c 氏と f 氏に，c 氏は d 氏と e 氏に，d 氏は e 氏と f 氏に伝えるものとします．

第3章 命令伝達系統

命令する人，される人の関係をわかりやすく図示しましょう．ここで，各人を点で表し，命令を出す人それを直接受ける人に対応する2点を線で結び，その線に命令する人（点）から命令される人（点）に向きをつけることにしますと，図1が得られます．この図において，点 a からは矢が出ているだけですから，a 氏はグループのリーダー的役割をもっていることがわかります．また，点 f には矢が入ってくるだけで出ていく矢がありませんので，f 氏は指示を与えられて仕事をしていく人であることがわかります．さらに，b 氏は2回指示をくだし，1回指示されており，d 氏は2回指示されて，2回指示していることがわかります．

図1

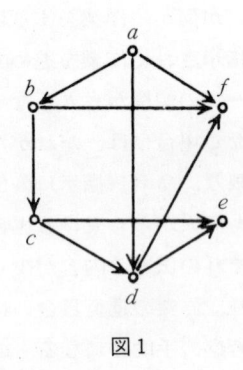

図1のような図は第2章までに述べたグラフの各辺に向きをつけたもので，**有向グラフ**といわれています．

> **パズル1** 上記の例において，もし同じ命令が伝達されているとするならば，この伝達方式はあまり能率的であるとはいえません．そこで，もっと簡単な伝達方式があると考えられますが，それを考えてみて下さい．

図1において，a から b に，次に b から f にと伝達がされていますが，a から f には直接同じ伝達が行なわれています．つまり図1に図2に示すグラフが一部含まれています．したがって，a から f への矢か b から f への矢のどちらかは不要です．このような事情は，a, d, f の3氏および c, d, e の3氏に

図2　　　　　　　　　　図3

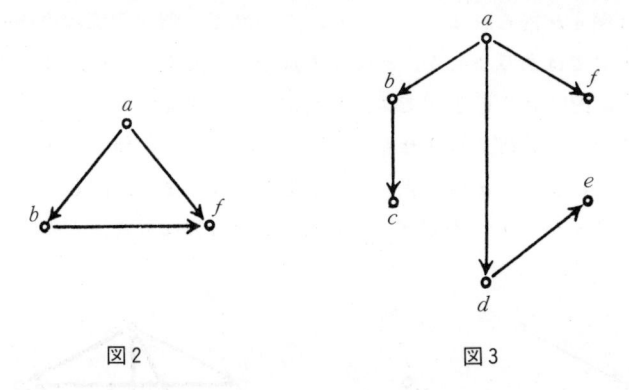

ついてもいえます．だから，図1は図3に示すような能率的な伝達方式に作りかえられます．図3のどの矢を除いても，伝達が全員に伝わらず，作業がうまくいかないことは明らかです．この考察で図3のどの矢もこれ以上除くことはできません．

§2. 階級関係と有向グラフ

　命令伝達系統は命令の流れにのみ注目したのですが，実際に，命令を発する人およびそれを受け取る人自身に注目してみますと，これら二者の間には，ある関係，たとえば階級的な関係があると考えることもできます．そこで，ある命令伝達系統を階級的な面からながめ直しますと，そこには**推移的**な関係が見られます．（a, b, c 3人の間に，a 氏は b 氏の上司，b 氏は c 氏の上司であるとき，a 氏は c 氏の上司という関係を推移的関係といいます．）ここにお互いの階級がはっきりしている6人からなる組織があるとしましょう．彼らの名前を a, b, c, d, e, f とします．a 氏は b 氏の上司，b 氏は c 氏と d 氏の上司，c 氏は f 氏の上司であって，f 氏は e 氏の部下であるとします．この上司，部下の関係はどのように図示されるでしょうか．$a, b, \cdots, f$ と名前づけられた6個の点を考えます．上の文章において，a 氏が b 氏の上司であるときは，点 a から点 b に向けて矢を引きます．同じく b 氏は c 氏と d 氏の上司ですから，点 b から点 c へ，また点 b から点 d へ矢を引きます．以下同様に

第3章 命令伝達系統

矢を引けば図4が得られます．しかし，この図では階級関係は推移的という意味から十分ではありません．a 氏は b 氏の上司であり，b 氏は c 氏の上司ですから，a 氏は c 氏の上司です．したがって，図4において，a から c へ矢が向いていなければなりません．また，a から c への新しい矢と c から f への初めの矢により，a から f への矢が必要になります．同じように考えて，a から d へ，b から f へ矢が向いていなければなりません．だから，図4は

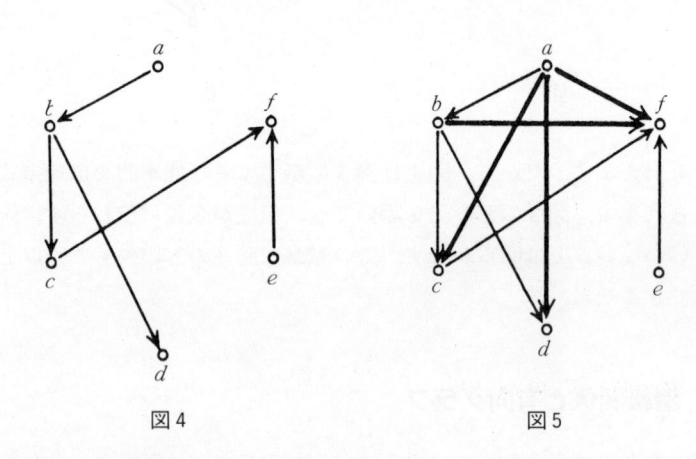

図4   図5

図5に示されるように修正されます．図4ではすぐにわかりませんでしたが図5により，a 氏はだれかある人の部下になることはなく，d, f の両氏は部下を全然もっていないということが直ちに理解することができます．さらに，b 氏は部下を3人もち上司を1人もっていることもわかります．

問題1 ある会社の社員が自分の会社の階級の関係を図に表しました（図6）．階級関係がよくわかるように矢を付け加えて下さい．

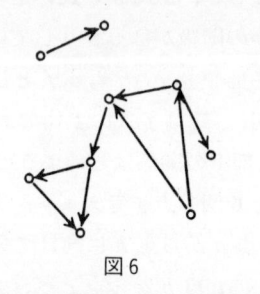

図6

§3. 基本的用語

　点と呼ばれる要素からなる有限集合 V の相異なる二つの要素の順序づけられた対（順序対と呼ばれる）の全体の集合を $\begin{bmatrix} V \\ 2 \end{bmatrix}$ とします．A を $\begin{bmatrix} V \\ 2 \end{bmatrix}$ のある部分集合としたとき，V と A の組 (V, A) を（**単純**）**有向グラフ**と呼んでいます．A の要素は前節までは矢と呼んでいましたが，これからは**弧**と呼ぶことにしましょう．特に，2点を結ぶ互いに反対な向きをもつ二つの弧の対は**対称弧**といわれています．第2章までに取り扱ったグラフは有向グラフと対比して考える場合には**無向グラフ**と呼ばれることがあります．四つの点からなる集合 $V=\{a, b, c, d\}$ をとれば，$\begin{bmatrix} V \\ 2 \end{bmatrix}$ は $_4P_2=12$ 個の順序対からなる集合

　$\{(a, b), (a, c), (a, d), (b, a), (b, c), (b, d), (c, a), (c, b), (c, d), (d, a),$
　$(d, b), (d, c)\}$

となります．$\begin{bmatrix} V \\ 2 \end{bmatrix}$ の部分集合を $A=\{(b, a), (c, b), (d, b), (a, c), (c, a)\}$ としたとき，たとえば弧 (b, a) について点 b から点 a へ向けて矢を引くことにより有向グラフ (V, A) を図示すれば，図7のようになります．このとき二つの弧 $(a, c), (c, a)$ は対称弧です．

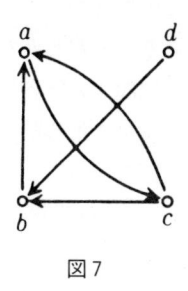

図7

　有向グラフ D に弧 (u, v) があるときはつねに (v, u) も D の弧であるとき，D は**対称**であるといい，逆に，D のどの弧 (u, v) をとっても，逆向きの弧 (v, u) が D の弧でないとき，D は**反対称**と呼ばれます．つまり対称有向グ

34　第3章　命令伝達系統

ラフの2点の間には対称弧があるか，あるいは全然弧がないかのいずれかであり，反対称有向グラフは無向グラフの各辺にどちらか一方に向きを付けたものであるということです．次に，第2節で取り扱った概念ですが，反対称有向グラフ D に対し，$(u, v), (v, w)$ が共に D の弧であるとき，つねに (u, w) も D の弧である場合，D は**推移的**であるといわれています．たとえば，図8は対称有向グラフ，図9は反対称有向グラフです．図10については，弧

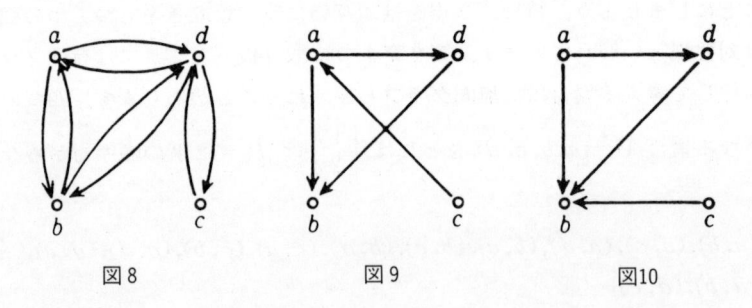

図8　　　　　図9　　　　　図10

$(a, d), (d, b)$ があってしかも弧 (a, b) があるので，図10は推移的有向グラフです．図1，図3，図4はすべて反対称ですが推移的でない有向グラフです．図5は推移的有向グラフです．このように，第1，2節での命令伝達系統および階級関係を表わすグラフはそれぞれ反対称有向グラフおよび推移的有向グラフとなります．図7は上記の3種類，対称，反対称，推移的のどれにもあてはまらない有向グラフであることがわかります．

　さて，前節で取り上げました問題1の解答を与えておきましょう．この問題は図6に示した反対称有向グラフを推移的な性質をもつように弧を付加すればよいのです．ここで，弧を付加することによりさらに新しい弧の付加が起り得ることに注意して下さい．図11が問題1の解答ですが，付加した弧を太い線で示しておきます．

　有向グラフ $D=(V, A)$ に対して，A の $\begin{bmatrix} V \\ 2 \end{bmatrix}$ に関しての補集合 A^c をとったとき，有向グラフ (V, A^c) を D の**補有向グラフ**といい，$\bar{D}$ で表します．すなわち，補有向グラフ $\bar{D}$ を作るには，点はもとのままとし，D の2点間

図11

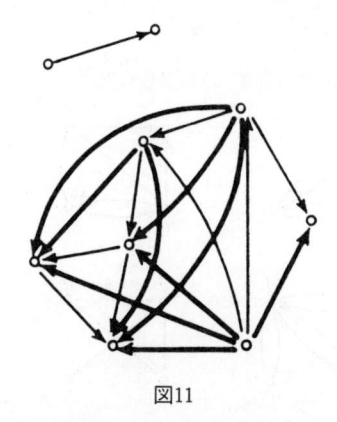

に，対称弧があればこれを除き，そうでなくて弧が1本あればこの弧の向きを逆向きにし，弧がなければその2点を対称弧で結ぶようにすればよいのです．また，$D=(V,A)$ の**逆有向グラフ** $\overleftrightarrow{D}=(V,\overleftrightarrow{A})$ というのは，A の矢印を全部逆向きにした有向グラフのことです．つまり，$\overleftrightarrow{A}=\{(u,v)\in\begin{bmatrix}V\\2\end{bmatrix}|(v,u)\in A\}$ となるような有向グラフ $(V,\overleftrightarrow{A})$ のことです．たとえば，図12の補有向グラフは図13のようになり，図14は図12の逆有向グラフです．

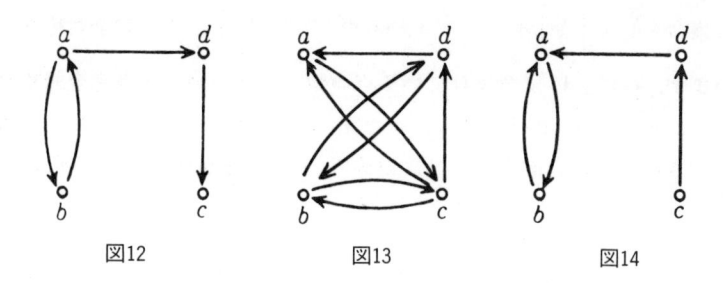

図12　　　　　図13　　　　　図14

図8，9，10のそれぞれについての補有向グラフ，逆有向グラフを表1でみてみましょう．この表から表2に示した事柄が推察できると思います．表2は，第1行のたとえば対称有向グラフについて，その補有向グラフはまた対称であること，逆有向グラフはもとのグラフと一致することを示してい

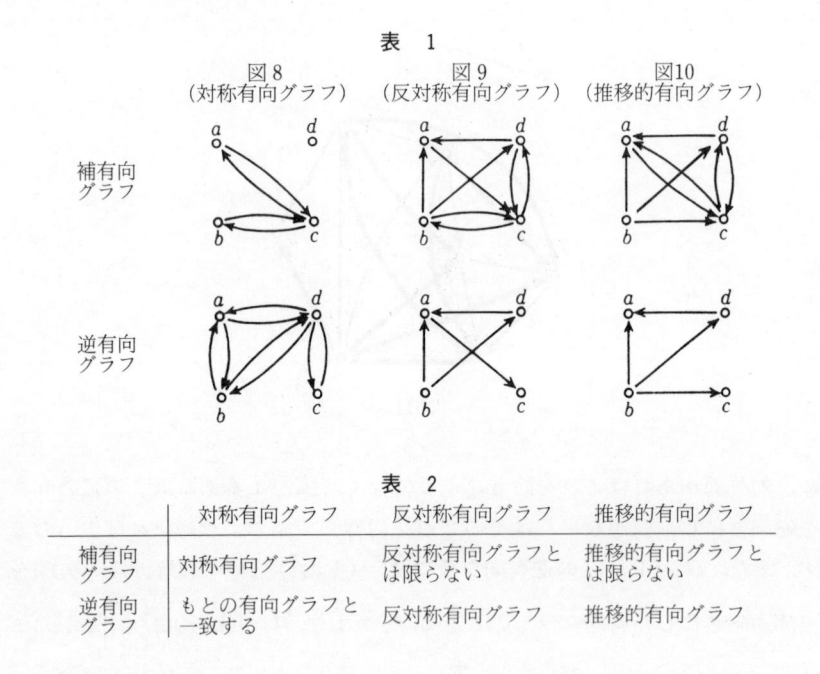

表　1

	図8 (対称有向グラフ)	図9 (反対称有向グラフ)	図10 (推移的有向グラフ)
補有向 グラフ			
逆有向 グラフ			

表　2

	対称有向グラフ	反対称有向グラフ	推移的有向グラフ
補有向 グラフ	対称有向グラフ	反対称有向グラフとは限らない	推移的有向グラフとは限らない
逆有向 グラフ	もとの有向グラフと一致する	反対称有向グラフ	推移的有向グラフ

す．

弧の集合として $\begin{bmatrix} V \\ 2 \end{bmatrix}$ をとるとき，有向グラフ $(V, \begin{bmatrix} V \\ 2 \end{bmatrix})$ を**完全対称グラフ**といいます．特に，V に含まれている点の数が n のとき，**n 点完全対称グラフ**といい，K_n^* で表します．また，n 点完全(無向)グラフの各辺にどちらか一方の向きを付けた有向グラフは反対称で，特に，**総当りグラフ**と呼ばれ T_n とかきます．

図5は

$V = \{a, b, c, d, e, f\}$

$A = \{(a,b), (a,c), (a,d), (a,f), (b,c), (b,d), (b,f), (c,f), (e,f)\}$

を組とする有向グラフを図にかいたものです．この有向グラフで a 氏と b 氏は上司・部下の関係で，弧で引かれています．グラフ論では，点の集合 V の2点による順序対 (u, v) が弧の集合 A に属しているとき，**u は v へ隣接し**

ている，逆に v は u から**隣接している**といいます．b 氏は 3 人の部下をもっており，グラフ論ではこの人数を出次数といいます．一方，b 氏は 1 人の上司に仕えており，この人数を入次数といいます．つまり，V の点 u から隣接している点の個数（u から出ている弧の本数）を u の**出次数**といい，$d^+(u)$ で表し，u へ隣接している点の個数（u へ入っている弧の本数）を u の**入次数**といい，$d^-(u)$ で表します．また，$d^+(u)$ と $d^-(u)$ を合わせたものを u の**次数**といい，$d(u)$ で表します．すなわち $d^+(u)+d^-(u)=d(u)$．図15に示した七つの点 $a, b, \cdots, g$ をもつ有向グラフの各点のすぐそばの三つの数の組は，左から順にその点の出次数，入次数，次数を表しています．また，図5の例でいえば，たとえば a 氏について $d^+(a)=4, d^-(a)=0, d(a)=d^+(a)+d^-(a)=4$ となります．次の節で次数のもついくつかの性質についてもう少し考えてみましょう．

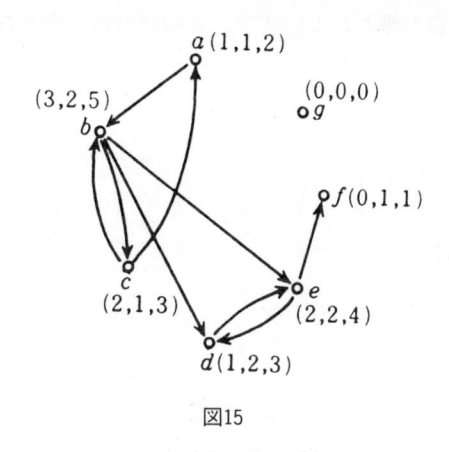

図15

§4. 命令回数

あるグループの命令関係はいくつかのチームや個人間の競技の結果と考えることができます．たとえば，チーム a がチーム b に勝ったとき，a 氏が b 氏に命令した，負けたとき命令されたと考えます．したがって，各人の命令回数は試合の勝ち負け数におきかえて考えることができます．

　七つのチーム $a, b, c, \cdots, g$ が集まって野球の試合を総当り戦で行い，その

38　第3章　命令伝達系統

勝敗の結果は表3に示す通りとなりました．この表の第1列におけるチーム

表 3

	a	b	c	d	e	f	g
a		○	×	○	△	○	×
b	×		○	○	○	×	×
c	○	×		△	○	×	○
d	×	×	△		○	○	△
e	△	×	×	×		×	×
f	×	○	○	×	○		△
g	○	○	×	△	○	△	

が第1行におけるチームに勝った場合は○で，負けた場合は×で，引き分けのときは△で示しています．この表から，各チームの成績がわかり表4に示す通りになります．ただし，表4には勝った数，負けた数および引き分けの試合を除いた試合数が書かれています．この試合数は勝ち数と負け数を足したものです．

表 4

チーム名	a	b	c	d	e	f	g	合計
勝ち数	3	3	3	2	0	3	3	17
負け数	2	3	2	2	5	2	1	17
引き分け以外の試合数	5	6	5	4	5	5	4	34

さて，試合の勝敗の結果は図16に示したように有向グラフでかくことがで

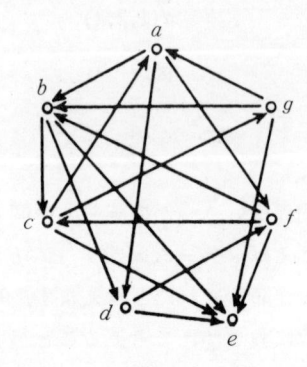

図16

きます．ここで，各点はチームを表し，一方が他方に勝った場合に前者に対応する点から後者に対応する点に弧を引き，引き分けの場合は対応する2点を結ばない（どちらの向きの弧も引かない）ことにします．表4の各チームについての数値と図16の有向グラフの対応する点のもつ弧の本数を比較してみますと，次の対応関係があることがすぐにわかります．

　勝ち数……出次数

　負け数……入次数

　引き分け以外の試合数……次数

たとえば，チーム a の勝ち数は $d^+(a)=3$，負け数は $d^-(a)=2$，引き分け以外の試合数は $d(a)=d^+(a)+d^-(a)=3+2=5$ となります．表4の合計欄から次のことがわかります．

　　各チームの勝ち数の総和＝各チームの負け数の総和

　　$=\frac{1}{2}\times$(各チームの引き分け以外の試合数の総和)

　　＝勝敗のついた組合せの総数

この事実は図16についてみれば，上記の対応関係により，

　　各点の出次数の総和＝各点の入次数の総和

　　$=\frac{1}{2}\times$(各点の次数の総和)＝弧の総数

となります．図15に示した9本の弧をもつ有向グラフについて考えますと

　　各点の出次数の総和＝1+3+2+1+2+0+0=9

　　各点の入次数の総和＝1+2+1+2+2+1+0=9

　　各点の次数の総和＝2+5+3+3+4+1+0=18

となり，上記の関係式が成り立っていることがわかります．

　上に述べた関係式は有向グラフ一般に成り立つ性質で無向グラフの場合の握手原理に対応するものです．

有向グラフの次数定理　有向グラフ (V, A) において，
$$\sum_{v\in V} d^+(v) = \sum_{v\in V} d^-(v) = \frac{1}{2}\sum_{v\in V} d(v) = |A|$$
が成り立つ．

第3章 命令伝達系統

お互いに友達関係が成り立つという意味での友達関係は一つの（無向）グラフで表現されることはすでに述べました．しかし，一方的な片思いの友達関係を含んだ友達関係の表現は有向グラフが有効です．

> **パズル2** あるクラスで，各生徒についてこのクラスの中で自分が友達だと思っている人の人数のアンケートをしてみました．アンケートを集計した結果，その人数の総計は奇数になりました．そうすると，奇数人の生徒を自分が友達だと思っている人，および奇数人の生徒から自分を友達だと思われている人は共に奇数人いるというのです．そのわけを考えて下さい．

生徒を点で表し，2人の生徒 a, b に対し，a さんが b さんを友達だと思っているとき，点 a から点 b に向けて弧を引くことにより，このクラスの友達関係を表す有向グラフが得られます．この場合，お互いに友達関係にある2人に対しては，対応する2点を結ぶ対称弧で表現します．たとえば，5人の生徒 a, b, c, d, e のグループを考えます．a さんと c さんはお互いに友達だと思っている．b さんは a さんと d さんを，c さんは d さんを，d さんは a さんを，そして e さんは a さんと b さんと c さんを友達だと思っているとします．この友達関係を示す有向グラフは図17のようになります．また，このグループのアンケートの結果は次のようになります．

	a	b	c	d	e	合計
友達だと思っている人数	1	2	2	1	3	9

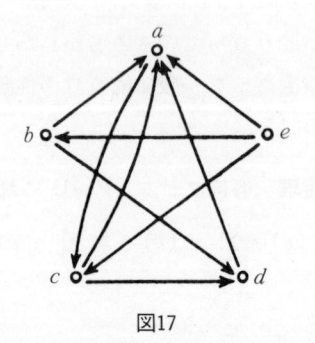

図17

パズルに話をもどしましょう．クラスの友達関係を表す有向グラフについて，
  アンケートに書かれた人数の総計
      ＝各点の出次数の総和
      ＝有向グラフに含まれる弧の本数
  各生徒が友達だと思っている人数＝対応する点の出次数
  ある生徒を友達だと思っている人数＝対応する点の入次数
ということがわかります．奇数人の生徒を友達だと思っている人が偶数だとします．すると奇数となる出次数の合計は，奇数ばかりを偶数個足すことになり，答えは偶数です．ところが，偶数となる出次数の合計は偶数ですから，出次数の総和は偶数となってしまいます．

  出次数の総和
  ＝奇数となる出次数の合計＋偶数となる出次数の合計
  ＝偶数＋偶数＝偶数

このことはこの有向グラフの弧の本数は奇数ということで次数定理に矛盾します．したがって，奇数人の生徒を友達だと思っている人は奇数人います．同様にして，奇数人の生徒から友達だと思われている人は奇数人いることが証明できます．

  このことを図17で確認してみましょう．この有向グラフに含まれる弧の本数は9本で奇数です．さらに
  $d^+(a)=1, d^+(b)=2, d^+(c)=2, d^+(d)=1, d^+(e)=3$
  $d^-(a)=4, d^-(b)=1, d^-(c)=2, d^-(d)=2, d^-(e)=0$
です．よって先の5人のグループの中で，奇数人の人を友達だと思っている人はaさんとdさんとeさんの3人で，奇数人の人から友達だと思われている人はbさん1人で共に奇数となります．

§5. 命令発信源の存在

パズル3 あるグループのどの2人についても，そのうちの1人から他の1人への命令伝達系統がはっきりついているものとします．そうす

ると，次の2通りの命令を最初に発する人（命令発信源）がいることを証明して下さい．

(a) この人からある人へさらに別な人へと順次に伝えられて，命令がこのグループの全員に伝えられる．

(b) この人が直接伝えるか，間に1人の者を介するだけで命令がこのグループの全員に伝えられる．

このパズルの解答をする前に，いくつかの例と用語の説明をしましょう．グループが a, b, c, d, e, f の6人からなるとします．このグループのどの2人についても，そのうちの1人から他の1人への命令伝達系統がついているものとしますと，この伝達系統は第1節で見ましたように，6個の点をもつ総当りグラフで表すことができます．いま，たとえば，この総当りグラフが図18で表されているとします．このとき，すべてのメンバーにいきわたる命

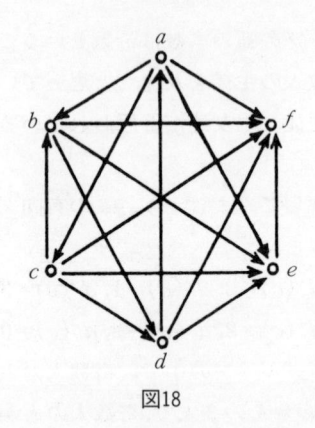

図18

令伝達系統はいく通りが考えられ，考えられるすべてを書き出しますと，

$$a \to c \to b \to d \to e \to f$$
$$b \to d \to a \to c \to e \to f$$
$$c \to b \to d \to a \to e \to f$$
$$c \to d \to a \to b \to e \to f$$
$$d \to a \to c \to b \to e \to f$$

§5. 命令発信源の存在   43

となります。これらは点から出ている弧をたどることにより得られます。上に示した5種類の命令伝達系統の各々は図18の各点を一度だけ、しかも、すべての点を通る点と弧の交互の列であり、このような列は**ハミルトンパス(ハミルトン道)**と呼ばれています。一般に、有向グラフにおいて、点から弧をたどり点と弧の交互の列 $v_1 \to v_2 \to \cdots v_k \to v_{k+1}$（$v_1, v_2, \cdots, v_{k+1}$ は点を表し、各 $i=1, 2, \cdots, k$ に対して、v_i と v_{i+1} の間の矢印は v_i から出て v_{i+1} に入る弧を意味します。）に対して、$v_1, v_2, \cdots, v_{k+1}$ がすべて異なっているとき、この列を v_1 から v_{k+1} への**パス(道)**と呼び、そのパスに含まれる弧の本数をこのパスの**長さ**と呼びます。だから、有向グラフのハミルトンパスというのは、そのグラフのすべての点を含むパスということになり、その長さは点の個数から1引いたものということになります。2点 u, v に対して、u から v へのパスがあるならば、点 v は点 u から**到達可能**と呼ばれます。図19において、$q \to p \to s$ は長さ2のパス、$q \to p \to s \to r$ はハミルトンパスです。しかし、$q \to p \to s \to p$ は点 p を2度含んでいますのでパスではありません。

図19

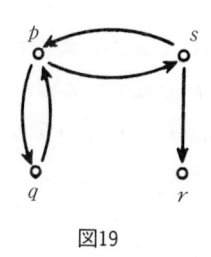

さて、図18の有向グラフに含まれる上記のハミルトンパスを観察しますと、e, f を除く a, b, c, d のいずれの点もどれかのハミルトンパスの出発点になっていることがわかります。したがって、パズル3の(a)の意味で、4人のメンバー a, b, c, d のうちいずれかが図18に示した命令伝達系統の発信源であることがわかります。この4人のうち、たとえば a（他の3人のいずれで考えても同じです。）を発信源としますと、a から順次伝えられる命令伝達系統は $a \to c \to b \to d \to e \to f$ です。また、パズル3の(b)の意味で、b, d, e, f は発信源 c から直接伝えられ、a は d を介して伝えられることが図18からわかります。以上のことから、パズル3の(a)と(b)はそれぞれ、次の問題におきかえられま

す.

> **問題2** どんな総当りグラフ T に対しても，
> (a) T はハミルトンパスを少なくとも一つ含む．
> (b) T にある特定の点があり，この点から他の各点に高々長さ 2 のパスで到達可能である．

　総当りグラフ T の点の個数 n についての数学的帰納法で証明します．$n=2$ のときは(a), (b)は共に明らかに成立しています．$n=k$ のとき成り立つと仮定して，$n=k+1$ のときを考えます．T から 1 点 u を除き，さらに u から出ている弧および u に入っている弧をすべて除きます．このようにして得られる有向グラフは k 個の点をもつ総当りグラフで，それを T' とかきます．(a), (b)を別々に証明します．

　(a) 帰納法の仮定から，T' はハミルトンパス $v_{i_1} \to v_{i_2} \to \cdots \to v_{i_k}$ を含みます．T が弧 (u, v_{i_1}) あるいは (v_{i_k}, u) を含むときには T がハミルトンパスを含むことがわかります．そうでないときには，$v_{i_1}, v_{i_2}, \cdots, v_{i_j}$ まではすべて u に隣接していて，$v_{i_{j+1}}$ ではじめて，u から隣接しているところがあります．すなわち，$(v_{i_j}, u), (u, v_{i_{j+1}})$ が T の弧である場合が起ります(図20)．このときは，$v_{i_1} \to v_{i_2} \to \cdots \to v_{i_j} \to u \to v_{i_{j+1}} \to \cdots \to v_{i_k}$ が T のハミルトンパスであることがわかり，(a)の証明が終りました．

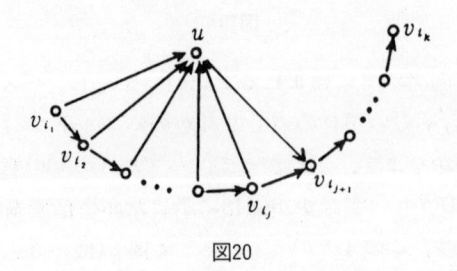

図20

　(b) 帰納法の仮定から，T' にある特定な点 v_0 があって，v_0 以外の T' のすべての点は，v_0 から隣接している（長さ 1 のパスで到達可能な）点（そのような点の集合を M とします）か長さ 2 のパスで到達可能な点です．

(イ) T に弧 (v_0, u) があるとき，このときは，やはり v_0 から他の各点に高々長さ 2 のパスで到達可能です（図21(イ)）．

(ロ) M のある点 w に対し，T に弧 (w, u) があるとき，この場合も，やはり v_0 から他の各点に高々長さ 2 のパスで到達可能です（図21(ロ)）．

(ハ) 上の(イ)，(ロ)のいずれでもないとき．このときには，(u, v_0) が T の弧であり，M のどの点も T において u から隣接しています．だから，v_0 および M の各点には u から長さ 1 のパスで到達可能です．しかも，それ以外の点には，M のある点から（T' において）長さ 1 のパスで到達可能ですので，T において u から長さ 2 のパスで到達可能です（図21(ハ)）．これで(b)の証明が終りました．

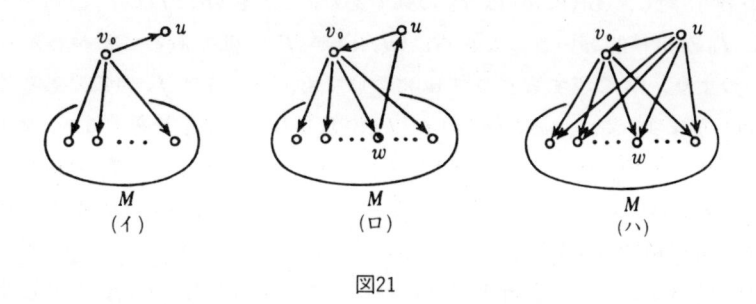

図21

次に述べる定理は総当りグラフに限らない有向グラフについてです．n 個の点をもつ総当りグラフについては，各点の次数は $n-1$ ですから，問題 2 の(a)あるいはパズル 3 の(a)はこの定理の直接の結果であることがわかります．

ハミルトンパス定理 n 個の点をもつ有向グラフについて，どの点 v でも $d(v) \geq n-1$ ならば，この有向グラフはハミルトンパスをもつ．

パズル4 あるグループのどの 2 人の間にも階級関係があるとします．そうすると，各人のもっている部下の人数はすべて異なっているという．このことを証明して下さい．

グループの人数を n とします．どの 2 人にも階級関係がありますので，こ

のグループにおける階級関係は，第2節でみましたように，n個の点をもつ推移的総当りグラフ T_n であることがわかります．ここで，T_n の各点 v の出次数 $d^+(v)$ は v に対応する人のもっている部下の人数になります．したがって，T_n のどの2点も同じ出次数をもたないことを示せば十分です．さて，T_n の相異なる2点 u と v に対して，T_n は総当りグラフですから，(u,v) か (v,u) のどちらかは T_n の弧です．たとえば (u,v) の方が T_n の弧であると仮定します．v から隣接している T_n の点の集合を W とすると，W に属する点の個数 $|W|$ は $d^+(v)$ に等しくなります．v から隣接しているような点が一つもないとき，すなわち W が空集合のときには，$d^+(v)=|W|=0$ となり，$d^+(u)\geq 1$ より $d^+(u)>d^+(v)$ が成り立ちます．W が空集合でないとき，どの $w \in W$ に対しても (v,w) は T_n の弧であり，しかも (u,v) は T_n の弧ですから，T_n が推移的ということから，(u,w) が T_n の弧であることがわかります．つまり，W に属するどの点 w についても，(u,w) は T_n の弧であることがわかります．このとき，(u,v) が T_n の弧であることを考慮すると，$d^+(u) \geq 1+|W|>|W|=d^+(v)$ がわかります．同様にして，(v,u) が T_n の弧である場合には，$d^+(u)<d^+(v)$ が証明できます．結局，$d^+(u) \neq d^+(v)$ が成り立ちパズル4は解決しました．

パズル4で，さらに，部下だけしかもっていない上司と上司ばかりしかもたない部下がそれぞれ1人ずつ必ずいるということが証明できます．このことをパズル3と対比して考えてみましょう．パズル3の命令伝達系統を表す総当りグラフが推移的であるとします．このとき，部下だけしかもっていない上司はパズル3の両方の意味での命令発信源に，上司ばかりしかもたない部下はパズル3の(a)の命令伝達の終着点に対応していることがわかります．

パズル4をもう少し詳しくグラフでの内容として述べ直しますと，次のようになります．

> **階級原理** T を $n(\geq 1)$ 個の点をもつ総当りグラフとする．このとき，T が推移的であるための必要十分条件は T の点 $v_1, v_2, \cdots, v_n$ について，$d^+(v_i)=i-1$ $(i=1,2,\cdots,n)$ が成り立つことである．

第4章 試合はこびの数理

春になると,甲子園において高校選抜野球大会が行われ,またセ・パ両リーグのペナントを争うプロ野球が開幕されます.高校野球大会は勝ち抜き戦で,プロ野球は総当り戦で行われることはよく知られています.野球に限らずいろいろなゲームが勝ち抜き戦か総当り戦でよく行われます.いずれにしても,一つの大会を催す場合,主催者が頭を悩ますのは,どのような方式で試合を行うか,どのチームとどのチームを対戦させるか,1日当りの試合数をいくらにするかといったことでしょう.ここでは,各チームの実力とかを問題にしないで,勝ち抜き戦で試合をする場合の試合数,および総当り戦でゲームを行う場合,各チームが不平等にならないような試合の組合せのアルゴリズムをグラフ論のある性質から考えてみましょう.

§1. 勝ち抜き戦とグラフ

6チーム a, b, c, d, e, f の野球の勝ち抜き戦を考えてみます.図1に示すような図がよく見られ,対戦する2チームで,たとえばチーム a と b が試合をして,a が勝てば①に a が表示され,③には a と b の勝者と c とで戦った勝者のチーム名が表示されます.行われた試合数はすぐにわかるように,1回戦と2回戦は2試合ずつで,3回戦(決勝戦)は1試合の合計5試合になります.このことを別な方向からながめてみましょう.そのために,図1を図2のように書きかえてみます.後で正確に定義しますが,図2のようなグラフをグラフ論では木と呼んでいます.次数1の6個の点はそれぞれ,各チ

図1

図2

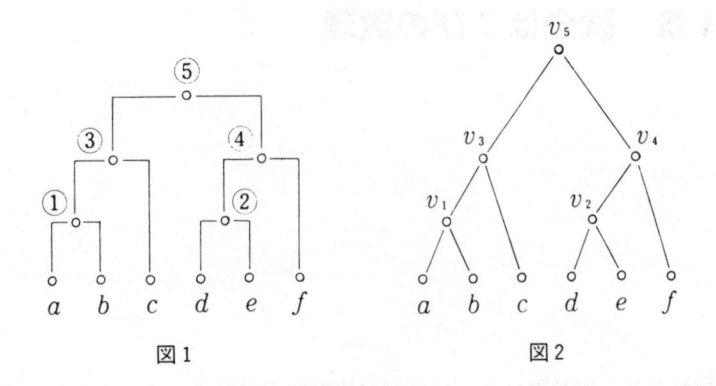

ームに対応し，1回戦の試合は点 v_1, v_2 に対応し，2回戦の試合は点 v_3, v_4 に対応し，3回戦の試合は v_5 に対応します．行われた試合数は図2のグラフで次数が2と3の点の個数であることがわかります．

そこで，チーム数が n であるとき，勝ち抜き戦で試合を行う場合の試合数を求める方法を考えてみましょう．

§2．基本的用語

点集合を V，辺集合を E とする（無向）グラフ $G=(V, E)$ について，V' を V の部分集合とし，E' を E の部分集合で，E' に属する辺の両端点は V' に属するとします．このとき $G'=(V', E')$ はグラフであり，G の**部分グラフ**と呼ばれています．特に，V' に属する2点を両端点とする E の辺が全部 E' の辺として含まれるならば，$G'=(V', E')$ は V' によって生成された G の部分グラフといい，普通，V' による G の**誘導部分グラフ**と呼ばれます．G のすべての点を含む部分グラフ $G'=(V, E')$ を**全域部分グラフ**といいます．G の部分グラフについて，それが全域でかつ V による G の誘導部分グラフならば，その部分グラフはもちろん G 自身です．

図3のグラフ G についてこれらのことを見てみましょう．図4は $V'=\{a, b, c, d, e\}$，$E'=\{\{a, b\}, \{b, e\}, \{c, e\}, \{c, d\}\}$ とする G の部分グラフです．この E' に辺 $\{a, d\}$，$\{b, c\}$，$\{d, e\}$ を加えて $E^*=\{\{a, b\}, \{b, e\}, \{c,$

§2. 基本的用語 49

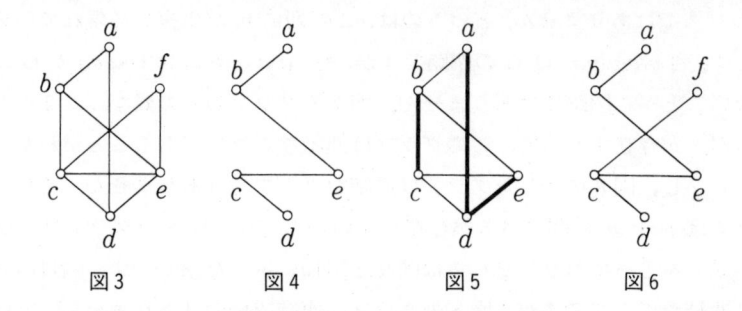

図3　図4　図5　図6

$e\}, \{c,d\}, \{a,d\}, \{b,c\}, \{d,e\}\}$ とするならば，V' による G の誘導部分グラフ $G^*=(V',E^*)$ が得られます（図5）．図6のグラフは G のすべての点を含んでいるので G の全域部分グラフです．

　第3章で，有向グラフにおけるパスを定義しましたが，ここでは（無向）グラフの中でそれを考えていきます．グラフ G の異なった点の列 P：$v_0v_1\cdots v_k$ について，各 $i=0,1,\cdots,k-1$ に対し $\{v_i,v_{i+1}\}$ が G の辺であるとき，P を G の**パス**（**道**）と呼びます．列 $v_0v_1\cdots v_k(k\geq 2)$ が G のパスであって，$\{v_k,v_0\}$ も G の辺であるとき，列 $v_0v_1\cdots v_kv_0$ は G の**閉路**と呼ばれています．さらに，G が**連結なグラフ**であるとは，G の異なった任意の2点の間にパスが存在するときをいいます．特に，1点だけからなるグラフは連結なグラフであるとします．G の連結な部分グラフ H が G の**連結成分**と呼ばれるのは，H を部分グラフとするような G の連結な部分グラフが H 自身しか存在しないときです．

　図7のグラフ G の点の列 $v_1v_2v_3v_4$ は G のパスですが，列 $v_1v_2v_3v_4v_2v_5$ は

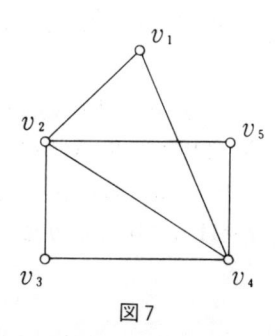

図7

G のパスではありません．というのは，この列に v_2 が重複して現れているからです．列 $v_1v_2v_3v_4v_1$ は G の閉路ですが，列 $v_1v_2v_3v_4v_5v_1$ は $\{v_5, v_1\}$ が G の辺でないことから閉路ではありません．図7のグラフのどの異なった2点の間にもパスが存在するので，このグラフは連結なグラフであることがわかります．しかし，図8に示したグラフは連結なグラフではありません．それは，たとえば v_1 と v_5 の間にパスが存在しないからです．図8のグラフは2個の連結成分をもっており，それらは図9と図10に示した通りです．図11のグラフは連結なグラフですが，図8のグラフの連結成分ではありません．というのは，このグラフを真に部分グラフとするような図8のグラフの連結な部分グラフが存在するからです（図9）．

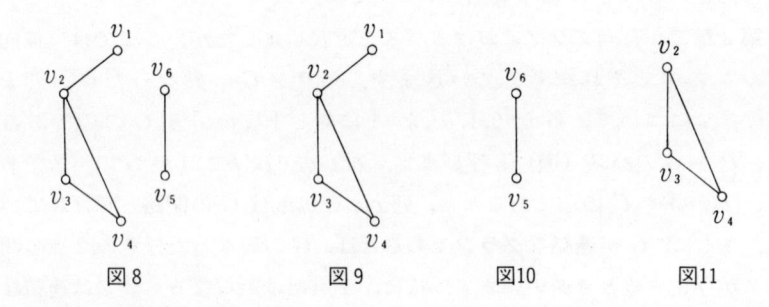

図8　　　　図9　　　　図10　　　　図11

§3. 勝ち抜き戦の試合数

閉路のない連結なグラフを**木**といいます．また，連結成分がすべて木であるグラフは**林**と呼んでいます．したがって，図12は木ですが，図13では点の列 $v_1v_5v_8v_9v_1$ が閉路ですから木ではありません．図14は，各連結成分が木で林となります．

さて，木の点の個数 p と辺の本数 q とは大変簡単な関係がありますが，それを以下で考えてみましょう．図15は1点だけからなる木で，$p=1, q=0$ となり，図16は $p=2, q=1$ の木であって，図12は $p=9, q=8$ であることがわかります．また図2については $p=11, q=10$ となります．これらの例から，次の定理が推察されます．

§3. 勝ち抜き戦の試合数　51

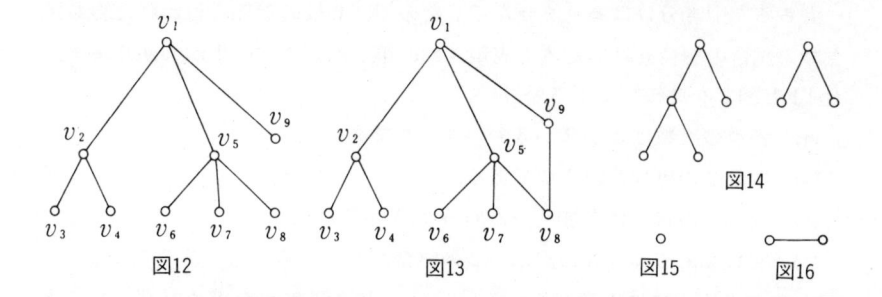

図12　図13　図14　図15　図16

> **木の点と辺の個数定理**　木の点の個数を p, 辺の本数を q とすると,
> $$p = q + 1$$
> が成り立つ.

 p について数学的帰納法でこの定理は証明されます．すぐ前で見たように，$p=1$ のとき定理は成り立ちます．p より小さい数を点の個数とする木について，定理が成り立つと仮定して，p 個の点をもつ木 T を考えます．T は閉路を含まないから，T の任意の辺を T から取り除くと，二つの木 T_1, T_2 ができます．たとえば，図12において，辺 $\{v_1, v_5\}$ を除くと，図17で示した二つの木が得られます．T_i の点の個数を p_i, 辺の本数を q_i $(i=1,2)$ とします．p_1, p_2 は p より小さいから，帰納法の仮定により，$p_1 = q_1+1$, $p_2 = q_2+1$ が成り立ちます．また，$p = p_1 + p_2$, $q = q_1 + q_2 + 1$ ですから，

$$\begin{aligned} p &= p_1 + p_2 \\ &= (q_1+1) + (q_2+1) \\ &= (q_1+q_2+1) + 1 \\ &= q+1 \end{aligned}$$

となり定理が証明されます．

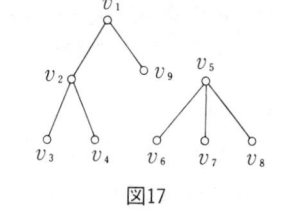

図17

> **パズル1**　毎年夏の甲子園では，全国高校野球選手権大会が開催されます．都道府県の代表校が熱戦をくり広げ，多くの人に感動を与えてくれます．さて，49の代表校が優勝を競いますが，全部で何試合することになるでしょうか．

第4章 試合はこびの数理

もちろん引き分けはありませんでしたので，49校の参加で行われた勝ち抜き戦の試合の組合せはある木で表現され，第1節から次の事がわかります．(図1と図2を比較して下さい．)

(イ) 各点の次数は1か2か3のいずれかである．
(ロ) 次数2の点はただ1つである．
(ハ) 次数1の各点に参加チームの各々が対応する．
(ニ) 次数2あるいは3の点に一つの試合が対応する．

試合数を求めるには次数が2あるいは3の点の個数 x を求めればよいことが(ニ)からわかります．参加チームの数を n，T の点の個数を p，辺の本数を q としますと，次の三つの関係式が得られます．

$$p = q + 1 \tag{1}$$
$$p = x + n \tag{2}$$
$$2q = 2 + n + 3(x-1) \tag{3}$$

(1)は「木の点と辺の個数定理」から，(2)は(イ)，(ハ)，(ニ)から得られます．(3)は第1章に述べた「握手原理」に(イ)—(ニ)を適用して得られます．(1)—(3)から，$x = n - 1$ となることが簡単に導かれます．したがって，パズル1では $n = 49$ ですから，求める試合数 x は $x = 49 - 1 = 48$ ということになります．

> **パズル2** 4^k（k は2以上の自然数）人が参加して，4人1組で麻雀を行ない力を競いあうことになりました．ただし，勝ち抜き方式で試合を行ない，引き分けはないものとします．優勝者が決まるまでに，全部で何試合あったでしょうか．

$k = 3$ として，参加した人を $a_1, a_2, \cdots, a_{64}$ とします．この時，この勝ち抜き戦の組合せを示す木 T は図18のようになります．このグラフから，(イ)—(ニ)に対応する性質が得られます．

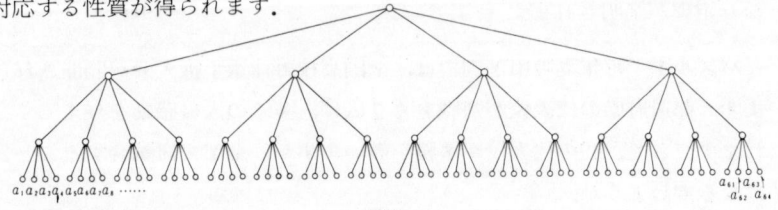

図18

(イ′)　各点の次数は1か4か5かのいずれかである．
(ロ′)　次数4の点はただ一つある．
(ハ′)　次数1の各点に参加者の各々が対応する．
(ニ′)　次数4あるいは5の点に一つの試合が対応する．

試合数 x を求めるには，参加人数を n としてパズル1と同様に次の3式を考えます．

$$p=q+1, \quad p=x+n, \quad 2q=4+n+5(x-1)$$

ただし，p, q はそれぞれ勝ち抜き方式を表現する木の点の個数と辺の本数です．上の最後の式は「握手原理」に(イ′)―(ニ′)を適用したものです．この3式から試合数 x は $x=(n-1)/3=(4^k-1)/3$ となります．

　答えを早く求めるだけなら，次のようにすれば簡単です．各試合で3人負けていますので，敗退した人数は $3x$ 人です．それに優勝者を足せば参加した人の総数 n が得られますから $n=3x+1$ として求められます．

　一般に次のことがわかります．

> **勝ち抜き方式の試合数**　t^k (k, t は $k \geq 2, t \geq 2$ となる自然数)人が参加して t 人1組での試合を勝ち抜き方式で行うとする．その時，優勝者が決まるまでに行われる試合数は
>
> $$(t^k-1)/(t-1)=t^{k-1}+t^{k-2}+\cdots\cdots+1$$
>
> である．ただし，引き分けはないとします．

§4. 総当り戦と因子分解

　参加するチームのどの2チームも試合をする，いわゆる総当り戦を行う場合の組合せをグラフ論の立場から考えてみましょう．主催者は大会を進めるのに，効率の良いゲーム運びおよび公平な組合せを考えようとするでしょう．たとえば，経費の都合上，できるだけ少ない日数ですべての試合を消化するとか，各チームの1日に行う試合数を平等にするとかいったことが考えられます．参加するチーム数が少ないときには，その場で試合の組合せが簡単にできます．4チーム a_1, a_2, a_3, a_4 が総当り戦で試合を行うとします．この場

54　第4章　試合はこびの数理

合，$_4C_2=6$ 試合すべてが3日間で行われるとします．1日目は a_1 と a_2, a_3 と a_4 が試合をし，2日目は a_1 と a_3, a_2 と a_4 が試合をし，3日目は a_1 と a_4, a_2 と a_3 が試合をすることにします．3日間の各々の試合の組合せをグラフに書きますと，1日目は図19，2日目は図20，3日目は図21のようになります．

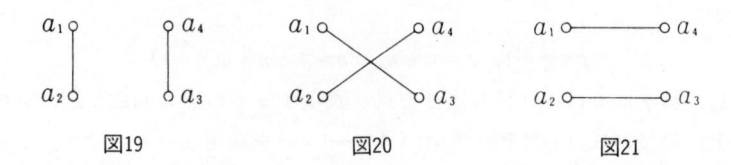

図19　　　　　図20　　　　　図21

各チーム共，1日に試合をする回数は1回で一応平等と思われます．ただし，実力の差による試合の順序づけは考えないものとします．参加するチーム数が奇数の場合には，架空のチームを一つ加えて予定をつくり，そのチームと組合されたら，その試合は行わないとすればよいのです．3チーム a_1, a_2, a_3 での総当り戦を考えてみましょう．架空のチーム a_4 を加えて，図19—21のような試合の組合せをします．図19について，a_3 は a_4 と組んでいるため，1日目には a_3 は試合を行わないことになります．同様にして，2日目には a_2 が，3日目には a_1 が試合を行いません．結局，各チーム1日に行う試合数の平等性が多少ずれることになりますが，3日間を通して考えると各チームの試合がない日が同数回あり平等性が保たれていると思われます．したがって，チーム数が偶数の場合を考えれば十分ということになります．

さて，試合の組合せをグラフ論の方向で観察してみます．図19—21のグラフの各々は4個の点 a_1, a_2, a_3, a_4 をもつ4点完全グラフ K_4 の部分グラフです．この部分グラフについて次のことがわかります．

(1) 各部分グラフは全域部分グラフである．
(2) 各部分グラフの各点の次数は等しく1である．
(3) K_4 の各辺が三つの部分グラフのうちどれか一つだけに現われる．

このとき K_4 は**1—因子分解可能**といいますが，詳しくは後で述べます．グラフ G の1本以上の辺をもつ全域部分グラフを G の**因子**といいます．グラフ $G=(V, E)$ の k 個の因子 $G_i=(V, E_i), (i=1, 2, \cdots, k)$, に対して，

$$E = \bigcup_{i=1}^{k} E_i, \quad E_i \cap E_j = \phi, \quad (i \neq j)$$

が成り立つならば, G は $G_1, G_2, \cdots, G_k$ による**因子分解**をもつと呼ばれます. G として K_4 をとり, G_1, G_2, G_3 として図19, 20, 21のグラフをそれぞれとりますと, 上記の性質(1)—(3)から, K_4 は図19—21のグラフによる因子分解をもつことがわかります.

各点の次数が等しいグラフは**正則グラフ**といわれ, 点の次数が r の正則グラフは特に **r—正則グラフ**といわれています. したがって, n 点完全グラフ K_n は $(n-1)$—正則グラフで, 図19—21の各々は1—正則グラフです. グラフ G の r—正則な因子を G の **r—因子**といいます. 各因子が r—因子であるグラフによる因子分解を G がもっているならば, G は **r—因子分解可能**であるといいます. G が r—因子分解可能ならば, 各因子が全域な r—正則グラフですから, G の各点の次数は r の倍数であるということがわかります. 図22のグラフは各点の次数が3ですから, 3—正則グラフです. 図23の6—正則グラフ G は図24と図25に示した3—正則グラフによる因子分解をもちます

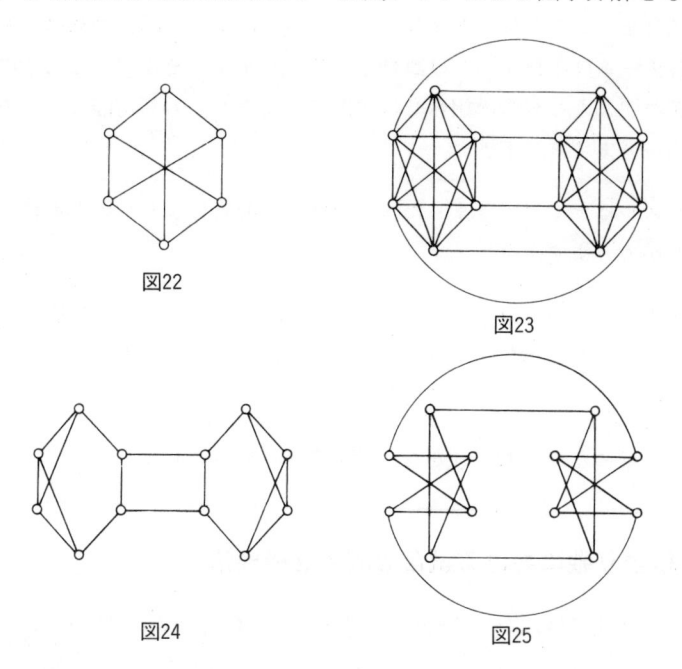

図22

図23

図24

図25

から，G は 3 —因子分解可能であることがわかります．K_4 の因子分解についてもう一度考えてみますと，図19，20，21の各々は K_4 の 1 —因子であり（上記の性質(1)，(2)），性質(3)により，K_4 は 1 —因子分解可能となります．また，図19の 1 —因子は 1 日目に行われる試合に対応し，2 日目，3 日目の試合はそれぞれ図20，図21の 1 —因子が対応しています．これらのことから，$2n$ 点完全グラフ K_{2n} がどれも 1 —因子である $G_1, G_2, \cdots, G_k$ による因子分解をもっているならば，

> K_{2n} の 1 —因子 G_i は i 日目の試合に対応する

ことがわかります．G_i の辺の本数は n ですから，i 日目に行われる試合数は n であり，K_{2n} の辺の本数 $n(2n-1)$ を n で割って，結局，試合は $k=2n-1$ 日間で行われます．

> **パズル 3** 10チーム $a_1, a_2, \cdots, a_{10}$ が集まって，9 日間にわたり各チームが他のすべてのチームの各々と一度ずつ試合をする．いわゆる総当り戦の試合をすることになりました．その場合，1 日の試合回数は 5 回とし，各チームは 1 日 1 回だけ試合をするとします．そこで，これらのことを満たすような試合の組合せは可能でしょうか．もし可能ならばその構成法を考えてみて下さい．

このパズルは上で見てきました因子分解との対応により次の問題におきかえることができます．

> **問題 1** 10個の点 $a_1, a_2, \cdots, a_{10}$ をもつ完全グラフ K_{10} が 1 —因子分解可能であることを示して下さい．もし可能ならば，K_{10} のもつ 1 —因子分解における 1 —因子をすべて構成して下さい．

問題 1 を含めた一般的な問題を次節で考えていきましょう．

§5．総当り戦における試合の組合せ構成法

問題 1 を解くには，$2n$ 点完全グラフ K_{2n} が $_{2n}C_2=n(2n-1)$ 本の辺をもち，

§5. 総当り戦における試合の組合せ構成法　57

K_{2n} の 1 —因子が n 本の辺をもっていることから，K_{2n} が $n(2n-1)/n=2n-1$ 個の 1 —因子による因子分解をもつことを示せば十分です．$n=3$，すなわち，点集合 $V=\{a_1, a_2, \cdots, a_6\}$ に対する完全グラフ $K_6=(V, E)$ の 1 —因子分解は次の方法で求められます．図26のように，中心を a_1 とする円の周を 5 等分し，時計まわりに a_2 から a_6 を割り付け，$a_1, \cdots, a_6$ の各 2 点をすべて辺で結びます．この時，図26の円周を除いたグラフは K_6 を表わしています．K_6 の辺

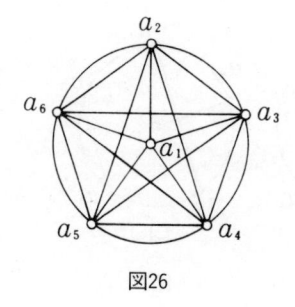

図26

のうち $\{a_2, a_3\}$，$\{a_3, a_4\}$，$\{a_4, a_5\}$，$\{a_5, a_6\}$，$\{a_6, a_2\}$ は円周上の 5 点のとなりどおしを結ぶ円の弦に対応しています．これらの辺の集まりを E_1 とします．また，円周上の 5 点を一つおきに結ぶ円の弦に対応する K_6 の辺は $\{a_2, a_4\}$，$\{a_2, a_5\}$，$\{a_3, a_5\}$，$\{a_3, a_6\}$，$\{a_4, a_6\}$ で，この集合を E_2 とします．半径に対応する辺の集合は $E_3=\{\{a_1, a_2\}, \{a_1, a_3\}, \{a_1, a_4\}, \{a_1, a_5\}, \{a_1, a_6\}\}$ です．もちろん $E=E_1 \cup E_2 \cup E_3$ です．まず最初に，図27(イ)に示した半径 $a_1 a_2$ と弦 $a_3 a_6$ と弦 $a_4 a_5$ とからなる一組を図28に見られる K_6 の 1 —因子と考えます．この 1 —因子の各辺はそれぞれ E_1, E_2, E_3 に属していることに注意して下さい．

図27(イ)の円周上に割り付けた点はそのままにして，円を $\frac{1}{5}$ 周時計まわりに回転させると図27(ロ)が得られます．この図により図29に示した K_6 の 1 —因子が得られます．この回転により弦の長さは変りませんので，図29の各辺はそれぞれ E_1, E_2, E_3 から新たに選ばれたことになります．同様にして，図27(ハ)は図27(ロ)を，(ニ)は(ハ)を，(ホ)は(ニ)を $\frac{1}{5}$ 周ずつ時計まわりに回転して得られ，図30，31，32が順次得られます．各因子の辺が E_1, E_2, E_3 から一つずつ選ばれ，

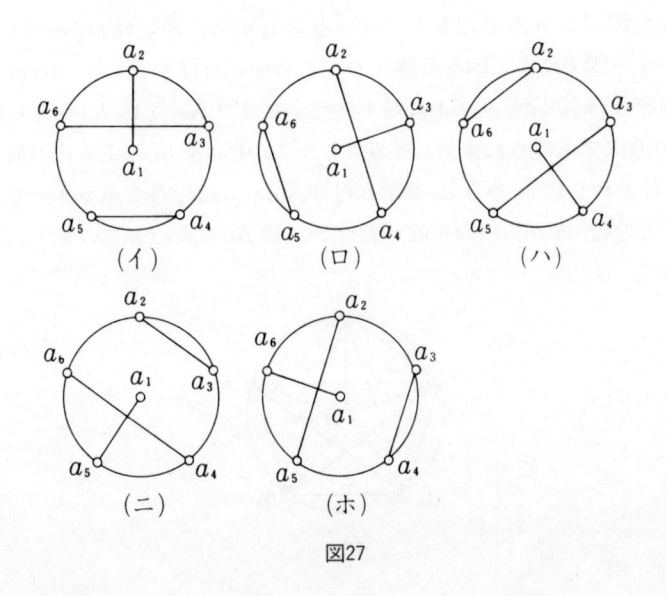

58 第4章 試合はこびの数理

(イ)　(ロ)　(ハ)

(ニ)　(ホ)

図27

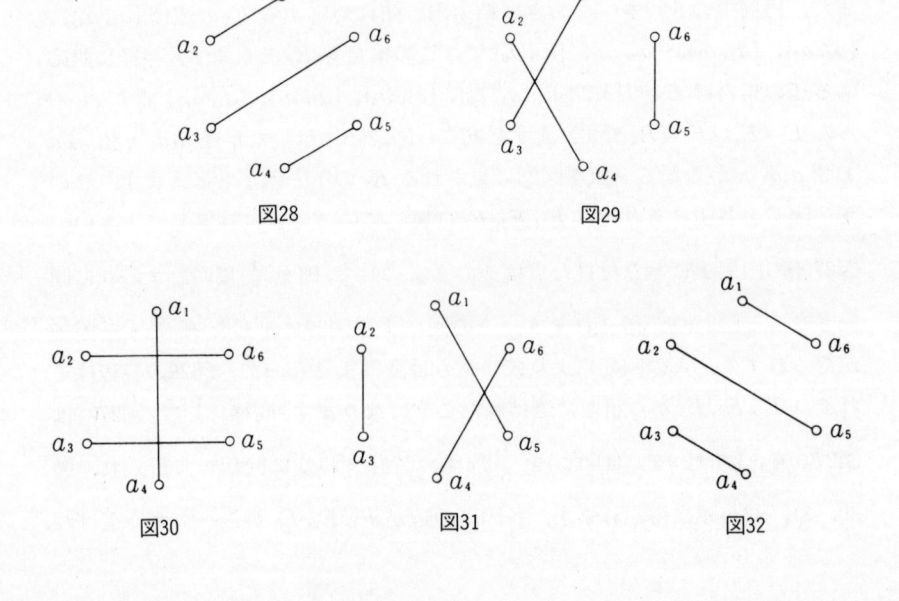

図28　図29

図30　図31　図32

しかもどの辺も重複して選ばれていないことがわかります．このようにして，K_6 の 1 —因子分解を得ることができます．

この 1 —因子分解をコンパクトに表わしたものが表 1 です．表 1 の五つの行はそれぞれ図 28—32 に対応しています．たとえば，第 1 行の第 1 列，第 2 列，第 3 列の各々は図 28 の辺 $\{a_2, a_1\}, \{a_3, a_6\}, \{a_4, a_5\}$ を表わし，第 2 行の第 2, 3, 4 列は図 29 の辺 $\{a_3, a_1\}, \{a_4, a_2\}, \{a_5, a_6\}$ を意味します．表 1 で第 2 行以下の各行は，すぐ前の行の数から，1 をそのままにして残り二つの数に 1 を足し，そして，それら三つの数を右に 1 列ずらすことによって得られることに注意して下さい．ここで 6+1=2 と約束し，ずらすことにより第 5 列より右にはみ出る数は同じ行の第 1 列にもっていきます．

表 1

$$
\begin{bmatrix}
a_2 & a_3 & a_4 & a_5 & a_6 \\
1 & 6 & 5 & & \\
& 1 & 2 & 6 & \\
& & 1 & 3 & 2 \\
3 & & & 1 & 4 \\
5 & 4 & & & 1
\end{bmatrix}
$$

K_{2n} の場合の 1 —因子分解は，中心を a_1 とする円周を $2n-1$ 等分し，時計まわりに $a_2, a_3, \cdots, a_{2n}$ を円周上に割り付け，半径 $a_1 a_2$ と $n-1$ 本の弦 $a_3 a_{2n}$, $a_4 a_{2n-1}, \cdots, a_{n+1} a_{n+2}$ を出発点として考えます．この円を $1/(2n-1)$ 周ずつ時計まわりに回し 1 回転すれば K_{2n} の 1 —因子分解を与えることができます．表 2 は，表 1 と同様に K_{2n} の 1 —因子分解の構成方法を与える表です．表 2

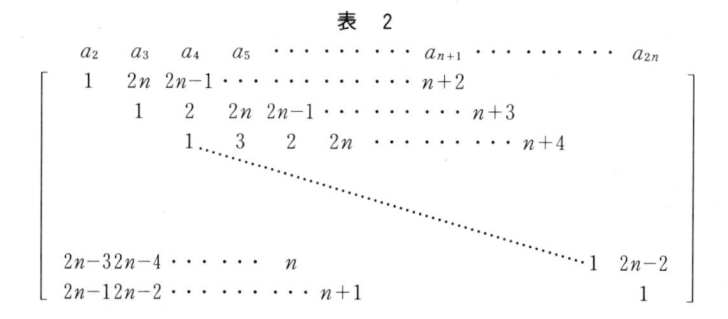

表 2

$$
\begin{bmatrix}
a_2 & a_3 & a_4 & a_5 & \cdots & a_{n+1} & \cdots & a_{2n} \\
1 & 2n & 2n-1 & \cdots & \cdots & n+2 & & \\
& 1 & 2 & 2n & 2n-1 & \cdots & n+3 & \\
& & 1 & 3 & 2 & 2n & \cdots & n+4 \\
& & & \ddots & & & & \\
2n-3 & 2n-4 & \cdots & n & & & 1 & 2n-2 \\
2n-1 & 2n-2 & \cdots & n+1 & & & & 1
\end{bmatrix}
$$

は $2n-1$ 個の行と $2n-1$ 個の列からなる行列で，この行列の対角線上にすべて 1 を配置します．第 1 行の 1 の右側に $n-1$ 個の数 $2n, 2n-1, \cdots, n+2$ を順番に配置し，第 2 行の 1 の右側に $n-1$ 個の数 $2, 2n, 2n-1, \cdots, n+3$ を配置します．一般に，第 $k(\geqq 2)$ 行において，$k \leqq n-1$ の時は 1 の右側に $n-1$ 個の数 $k, k-1, \cdots, 2, 2n, 2n-1, \cdots, n+k+1$ を順番に配置し，$k \geqq n$ の時は 1 の右側に $n-1$ 個の数 $k, k-1, \cdots, k-n+2$ を順番に配置します．この場合，最後の列に達したなら，残りの数を同じ行の第 1 列から始めます．以上のことを定理として述べますと，

完全グラフの分解定理 $2n$ 点完全グラフは 1―因子分解可能である．

前節で与えたパズル 3（あるいは問題 1）の解答は表 2 において $n=5$ として得られ，それは表 3 に示した通りです．

表 3

a_2	a_3	a_4	a_5	a_6	a_7	a_8	a_9	a_{10}
1	10	9	8	7				
	1	2	10	9	8			
		1	3	2	10	9		
			1	4	3	2	10	
				1	5	4	3	2
3					1	6	5	4
5	4					1	7	6
7	6	5					1	8
9	8	7	6					1

第5章 迷　路　図

　読者の皆さんは，通勤，通学される際に，どの道が近道か路地裏まで入りこんで調べられたことがあることと思います．この場合，これらの道筋の曲り角を点とし，通路を辺としてグラフに書き上げると，近道がよくわかります．入組んだ道筋に類したものに迷路問題があります．最近，迷路は小，中学生の間によくもてはやされ，いろいろな本で話題にされています．迷路を意味する言葉，メイズ（maze）は英語の古語で，驚かす（amaze）と同じなのだそうです．もう一つ，迷路，迷宮にはギリシャ語に由来するラバリンス（labyrinth）という言葉もあります．

　このことからみても，迷路，迷宮は大昔からあったことがわかります．古代エジプトでも，盗掘を防止するために迷路を作ったといわれていますし，ギリシャではダイダロスがクレタ島のマイノス王に命じられて作った迷路が有名です．図1は12世紀初めのセント・クエンチンにある教区教会の迷路で，人間の不安，迷いなどを意味する宗教的シンボルとしての意味をもっています．ここでは線そのものが通路になっていますから，A点から出発して線上をたどっていきさえすれば，中央にたどり着けます．図2に示したシャトル大聖堂の迷路はキリストはりつけの像の行列に従ってざんげする人々によって使われましたが，迷路脱出は簡単です．このように，迷路問題は歴史的に重みのある話題ですが，これに関連したもので「一筆書き」があります．これについては次章で取り扱うことにして，ここでは迷路に関係したグラフ，目的地への近道の問題について考えていくことにしましょう．

第5章 迷路図

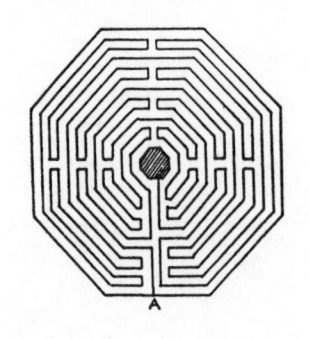

図1 セント・クエンチンの迷路

図2 シャトル大聖堂の迷路

§1. 迷　路

　太郎君はある迷路館に行きました．もちろん中は暗くて通路の様子は太郎君にはわかりません．図3は迷路館の中の道筋を表したものです．さて，太郎君はどのようにして王宮にたどり着くことができるでしょうか．また，王宮にたどり着き，入口に戻るのに，一度通った道をできるだけ通り，しかも

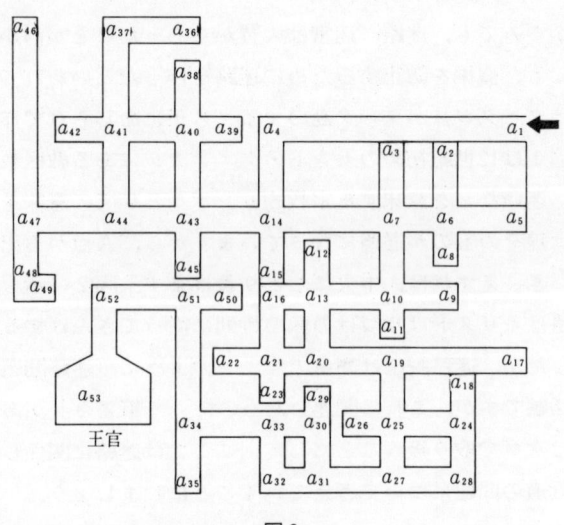

図3

§1. 迷路　63

曲り角の各々をたかだか一度だけ通って戻ることができるでしょうか．このような問題を考えるのに，図3をグラフで表す方法をみていきましょう．

迷路の入口および王宮の部屋を点に対応させ，さらに，曲り角，交差点，行き止まりを点に対応させます．ここで，曲り角，交差点，行き止まりを特に**方向変更点**と呼ぶことにします．点と点の隣接関係は次の通りです．

(1) 入口と通路を通じて最初に出会う方向変更点について，対応する2点を辺で結びます．

(2) 王宮と通路を通じて最後に出会う方向変更点について，対応する2点を辺で結びます．

(3) 二つの方向変更点が通路でつながっていて，この通路の間に他の方向変更点がない場合，対応する2点を辺で結びます．

この約束により，図3は図4に示したグラフになります．図3の中での行き止まりに対応する図4の点（たとえば点 a_2）は次数が1であり，三叉路に対応する点の次数は3です．入口 a_1 で出発した太郎君は暗闇の中を a_4 に進み，方向変更点を次の順序でたどり王宮 a_{53} に到達するかもしれません．

W_m: a_1 a_4 a_{14} a_7 a_3 a_7 a_6 a_2 a_6 a_8 a_6 a_5 a_6 a_7 a_{14} a_{43} a_{14} a_7 a_{10} a_{13} a_{12} a_{13} a_{20} a_{21} a_{22} a_{21} a_{20} a_{19} a_{17} a_{19} a_{25} a_{26} a_{25} a_{27} a_{28} a_{24} a_{25} a_{27} a_{31} a_{32} a_{33} a_{34} a_{51} a_{52} a_{53}

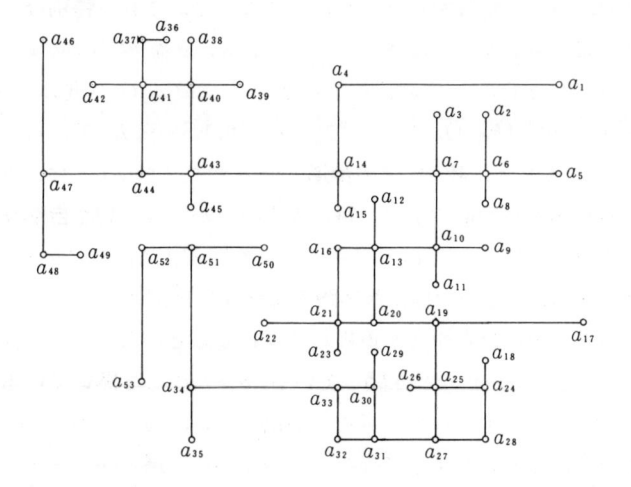

図4

あるいは，太郎君は一つの方針を決めて，たとえば「壁を右手で触りながら進む」という指針を決めて，この迷路を進み，王宮に行くことを考えるかもしれません．いずれにしても，入口から王宮に行くのに再度挑戦するとしますと，一度たどった道筋をたどるのはバカゲています．同じ方向変更点を何度も通り，たとえば道筋 W_m は a_7 を4回も通過していて，効率が悪いからです．

> **パズル1** 太郎君はある迷路館に行きました．この中は真暗で一目ではわからないようになっています．太郎君は何度も同じ通路を通ったり，何度も同じ曲り角を通ったりして，やっとの思いでめざす王宮の部屋に入りました．このような道順をたどらなくても，同じ通路や曲り角を二度と通らないで入口から王宮の部屋に到達することができるでしょうか．

このパズルはグラフ論の問題におきかえることができますが，まずその前に基本的用語の説明に入ります．

§2. 基本的用語

第4章で，パスの定義をしましたが，ここでは，これを特別なものとして含む言葉の説明をします．G をグラフとし，u, v を G の（必ずしも異なるとは限らない）2点とします．u で始まり v で終る G の点の列 $W: u(=v_0)v_1 \cdots v_k(=v)$, $(k \geq 1)$, について，各 $i=0, 1, \cdots, k-1$ に対し $\{v_i, v_{i+1}\}$ が G の辺であるとき，W を G の**歩道**といいます．このように，点と辺が交互に現れる有限列が歩道ですが，特に1点のみからなる列を**自明な歩道**といいます．歩道の始まりの点 u と終りの点 v を明記する際はこの歩道を **u–v 歩道**と呼びます．第1節で与えた迷路の順路 W_m は図4のグラフの a_1–a_{53} 歩道です．歩道の中には点や辺が重複して現れることがあることに注意して下さい．u–v 歩道は $u=v$ のとき**閉じている**，$u \neq v$ のとき**開いている**といいます．同じ辺が二度以上現れない歩道を**小道**といい，同じ点が二度以上現れない，つまり歩道上の点がすべて異なっている場合，**道**と呼びます．道は前章で定義したもので，英語ではパスと呼ばれています．

§2. 基本的用語　65

　3個以上の点をもつグラフ G の閉じた小道には特別な名前が付けられていて，G の**回路**と呼ばれています．G の回路 $v_1 v_2 \cdots\cdots v_n v_1$, $(n \geq 3)$，で，その n 個の点 v_i がすべて相異なるとき，これは前章で述べた閉路になります．

　以上の事柄を図5で見てみましょう．点の列 $W_1 : v_1 v_2 v_3 v_4 v_5 v_3 v_2$ は最初と最後の点が異なっていますので，W_1 は開いた v_1-v_2 歩道です．また，辺 $\{v_2, v_3\}$ が W_1 に重複して現れていますので，W_1 は小道ではなく，もちろん道でもありません．v_1-v_2 歩道 W_1 を点 v_1 まで延長させて得られる歩道 $W_2 : v_1 v_2 v_3 v_4 v_5 v_3 v_2 v_1$ は閉じた歩道となります．同じ辺を重複してもたない歩道 $W_3 : v_1 v_2 v_3 v_5 v_2 v_6$ は小道の例です．しかし，点 v_2 が重複して現れているので W_3 は道ではありません．$W_4 : v_1 v_2 v_3 v_4 v_5$ は道です．これらの例からもわかりますように，道は小道であり，小道は歩道です．しかし逆は必ずしも成り立ちません．

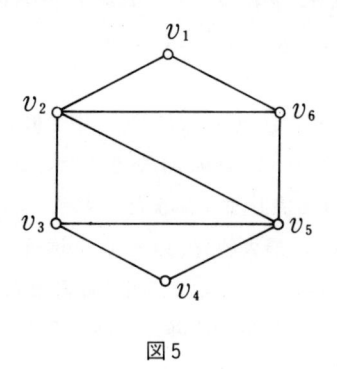

図5

　歩道の長さというのはその歩道に現れる辺の本数のことです．したがって，自明な歩道は長さが0ということになります．図5で見ました歩道として，W_1 の長さは6であり，W_2，W_3，W_4 の長さはそれぞれ7，5，4です．特に道の場合には，その中に点が重複して現れませんので，点の個数から1減じたものがその道の長さということになります．n 個の点をもつ道を P_n で表し，その長さは $n-1$ です．

　図5において，$C : v_1 v_2 v_3 v_5 v_2 v_6 v_1$ は回路ですが，$C' : v_1 v_2 v_3 v_5 v_3 v_5 v_6 v_1$ は辺 $\{v_3, v_5\}$ が重複していますので回路ではありません．$C'' : v_1 v_2 v_3 v_5 v_6$

v_1 は閉路です．閉路はもちろん回路ですが，同じようにこの逆は必ずしも成り立ちません．回路 C の中に現れる辺の本数は 6 ですから，その長さは 6 です．閉路 C'' の長さは 5 です．閉路の長さはそれに現れる点の個数に一致します．n 個の点をもつ閉路を C_n で表し，その長さは n です．

グラフ G の任意の異なる 2 点の間に道が存在するとき，G は連結であると呼ばれることは前章で述べました．連結グラフ G の 2 点 u, v について，u から v へ至る道の中で最も短い長さをもつ道を **$u-v$ 最短道**と呼びます．u-v 最短道の長さを u, v 間の**距離**といい，$d(u,v)$ と書きます．したがって，u と v が隣接しているときは，辺 $\{u,v\}$ が u-v 最短道であって，$d(u,v)=1$ であることがわかります．**距離の公理**と呼ばれる次の三つが成り立ちます．

(1) G のすべての点 u について，$d(u,u)=0$．

(2) G のすべての点 u, v について，$d(u,v)=d(v,u)$．

(3) G の任意の点 u,v,w について，$d(u,v) \leqq d(u,w)+d(w,v)$．（三角不等式）．

G の点 u に対し，u から各点への最短道の中で最も長い道の長さ，すなわち G のあらゆる点 v について $d(u,v)$ を考えたとき，その中の最大値を u の**離心数**といい，$e(u)$ で表します．また，すべての $e(u)$ の中での最小値 $r(G)$ を G の**半径**といい，最大値 $d(G)$ を G の**直径**といいます．

表 1 は図 5 のグラフ G について，2 点間の距離と各点の離心数を表したものです．たとえば，v_1 と v_4 の間の距離について考えてみましょう．図 5 において，v_1-v_4 道は以下のように 13 種類あります．

表 1

	v_1	v_2	v_3	v_4	v_5	v_6	離心数
v_1	0	1	2	3	2	1	3
v_2	1	0	1	2	1	1	2
v_3	2	1	0	1	1	2	2
v_4	3	2	1	0	1	2	3
v_5	2	1	1	1	0	1	2
v_6	1	1	2	2	1	0	2

W_1：$v_1\ v_2\ v_3\ v_4$,　　　　　W_2：$v_1\ v_2\ v_3\ v_5\ v_4$,

W_3：$v_1\ v_2\ v_5\ v_3\ v_4$,　　　　W_4：$v_1\ v_2\ v_5\ v_4$,

W_5：$v_1\ v_2\ v_6\ v_5\ v_3\ v_4$,　　W_6：$v_1\ v_2\ v_6\ v_5\ v_4$,

W_7：$v_1\ v_6\ v_2\ v_3\ v_4$,　　　　W_8：$v_1\ v_6\ v_2\ v_3\ v_5\ v_4$,

W_9：$v_1\ v_6\ v_2\ v_5\ v_3\ v_4$,　　W_{10}：$v_1\ v_6\ v_2\ v_5\ v_4$,

W_{11}：$v_1\ v_6\ v_5\ v_2\ v_3\ v_4$,　　W_{12}：$v_1\ v_6\ v_5\ v_3\ v_4$,

W_{13}：$v_1\ v_6\ v_5\ v_4$.

これらのうち，v_1-v_4 最短道は W_1, W_4, W_{13} の3通りで，それらの長さは3ですので $d(v_1, v_4)=3$ ということになります．点 v_1 の離心数 $e(v_1)$ は表1の第1行の6個の数 0, 1, 2, 3, 2, 1 のうち最も大きな数すなわち3です．他の点の離心数は表1に見られる通りです．これらの離心数の中の最小数が図5のグラフ G の半径であり，最大数が直径で，$r(G)=2$, $d(G)=3$ となります．

§3. 道の探索

パズル1の解答をこの節で考えていきましょう．迷路はグラフの問題として考えることができることを第1節でみてきました．そこで，パズル1はグラフ論の用語でもって次の問題におきかえることができます．

> **問題1** グラフ G の2点 u, v について，G の u-v 歩道は必ず u-v 道を（部分グラフとして）含むことを証明して下さい．

たとえば，第1節で与えた図3の迷路の順路 W_m は対応する図4のグラフの a_1-a_{53} 歩道ですが，その歩道は a_1-a_{53} 道

P_m：$a_1\ a_4\ a_{14}\ a_7\ a_{10}\ a_{13}\ a_{20}\ a_{19}\ a_{25}\ a_{27}\ a_{31}\ a_{32}\ a_{33}\ a_{34}\ a_{51}\ a_{52}\ a_{53}$

を含みます．

それでは問題1の解答をしましょう．$W : u(=v_0)v_1\ v_2 \cdots\cdots v_n(=v)$ をグラフ G の歩道とします．W が閉じている場合，すなわち $u=v$ のときには W は自明な歩道（u で始まり u で終る長さ0の道）を含みます．そこで，W は開いた u-v 歩道とします．$v_0, v_1, \cdots\cdots, v_n$ がすべて異なっているならば，W は u-v 道となり証明すべきことはありません．そうでないならば，W の中に

二度以上現われる G の点があるはずです.$v_i=v_j$ であるような異なる整数を i と $j(i<j-1)$ とします.このとき,W の中に歩道 $v_i v_{i+1}\cdots v_{j-1}$ があります.そこで,W からこの歩道を除けば,W より短かい長さをもつ開いた u-v 歩道 W_1 が得られます.W_1 の中に二度以上現れる点がなければ,W_1 は u-v 道であり,そうでなければ,u-v 歩道が u-v 道になるまで同じような操作を繰り返すことにより W に含まれる u-v 道が得られます.

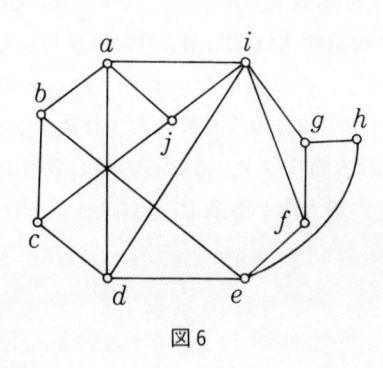

図 6

問題 1 の上記の解答を図 6 に示したグラフの長さ 13 の開いた a-f 歩道 $W: v_0 v_1 v_2 \cdots v_{13}=abcbehgfedcjif$ で考えてみましょう.$v_1=v_3(=b)$ ですから,W から v_1-v_2 歩道 $v_1 v_2=bc$ を除くと,W より短かい長さ 11 の開いた歩道 $W_1: v_0 v_3 v_4 \cdots v_{13}=abehgfedcjif$ が得られます.さらに,W_1 において $v_4=v_8(=e)$ ですから,W_1 から v_4-v_7 歩道 $v_4 v_5 v_6 v_7=ehgf$ を除くと,W に含まれた求める長さ 7 の a-f 道 $v_0 v_3 v_8 v_9 \cdots v_{13}=abedcjif$ を得ることができます.

今まで述べた事を次の定理でまとめておきます.

歩道定理 グラフ G の 2 点 u,v について,G の u-v 歩道は必ず u-v 道を含む.

この定理をパズル 1 に適用することにより,このパズルを肯定的に解決することができることがわかります.

§4. 大邸宅迷路問題

パズル2 太郎君はたくさんの部屋をもった大邸宅を訪問しました．太郎君はこの邸宅のいろいろの部屋を巡回している間に次の二つの事に気が付きました．

(1) どの部屋から出発しても，一度通った部屋は二度と通らないで，初めの部屋に戻るのに必ず奇数個の部屋（初めの部屋は含まない）を通らなければならない．

(2) 部屋全体は二つの組に分類することができる．すなわち，一方の組に属するどの二つの部屋も互いに隣り合っていないし，他方の組に属するどの二つの部屋も隣り合っていない．

実は，(1)から(2)が，逆に(2)から(1)が導かれます．そのわけを考えて下さい．ただし，二つの部屋が隣り合っているとは，これらの部屋の間に敷居があることを意味し，柱一本でつながっている部屋は隣り合っているとはいわない．さらに隣り合っている部屋は必ず敷居をまたぐことによってゆききができるとします．

初めは大邸宅で問題を考えないで，うさぎ小屋，つまり小さな家の間取りで問題を考えてみましょう．たとえば，図7では部屋 a（他の部屋から初めても同じ）から三つの部屋 b, c, d と巡回して a に戻り，この間取りはパズル2の(1)の性質をもっています．また，a と c は隣り合っていなく，b と d も隣り合っていないので，図7は(2)の性質をもっていることがわかります．一方，図8の間取りをもつ家については，部屋 a から初めて二つの部屋 b, c と巡回

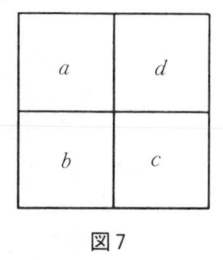

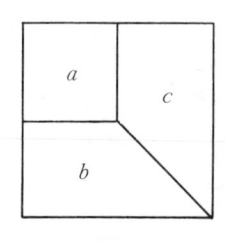

図7 図8

第5章 迷路図

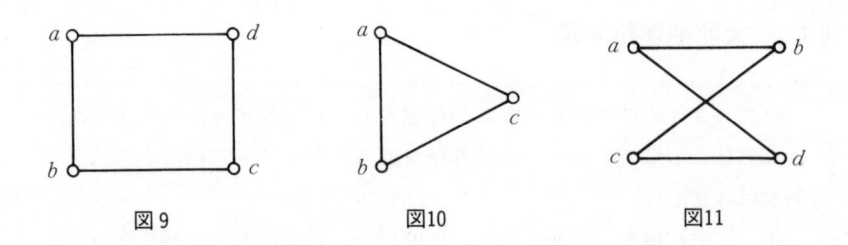

図9 　　　図10　　　　図11

して a に戻ることができ，性質(1)が満されていないことがわかります．また，三つの部屋 a, b, c はお互いに隣り合っているので，これらの部屋を性質(2)を満たすように類別することができないことがわかります．

さて，図7，8をグラフで書いてみることにしましょう．各部屋を点で表し，隣り合った二つの部屋に対応する2点は辺で結びます．図7，8はそれぞれ図9，10となります．図9のグラフは長さ4の閉路で，長さが奇数の閉路を含みません．また，図9は図11のように書きかえられ，a と c が隣接していなく，b と d が隣接していないことがすぐにわかります．図11のグラフは2部グラフと呼ばれています．

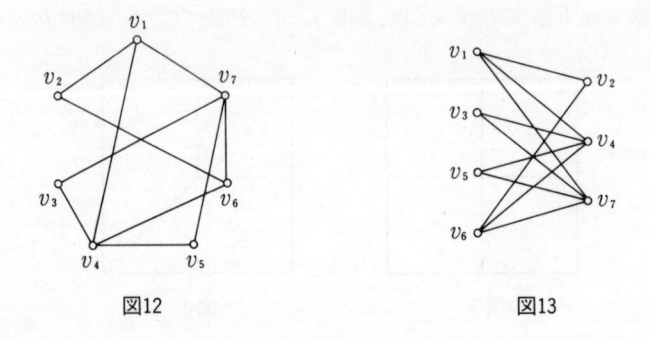

一般に，グラフ G が **2部グラフ** とは G の点集合 V を互いに素な二つの空でない部分集合 V_1, V_2 に分割して，V_1 に属するどの2点も隣接していなく，V_2 に属するどの2点も隣接していないようにすることができるときをいいます．このとき，V_1, V_2 を2部グラフ G の **部集合** といいます．たとえば図12のグラフ G はその点集合 $V = \{v_1, v_2, v_3, v_4, v_5, v_6, v_7\}$ を二つの部分集合 V_1

図12　　　　　　　図13

$=\{v_1, v_3, v_5, v_6\}$, $V_2=\{v_2, v_4, v_7\}$ に分割すると，V_1 の中のどの 2 点も隣接していない，V_2 の中についてもそうなっていないことがわかります．したがって，図12のグラフは V_1, V_2 を部集合とする 2 部グラフです．図13は V_1 の要素を左側に，V_2 の要素を右側にそれぞれ配置して，図12のグラフを書きかえたものです．普通，2 部グラフは図13のように表現されます．図10は 3 点のうちどの 2 点も隣接しているので，2 部グラフではありません．図14, 15, 16 のグラフも 2 部グラフです．特に，図16は連結でないグラフに対する 2 部グラフの例です．この場合，2 個以上の点からなるすべての連結成分が 2 部グラフになります．

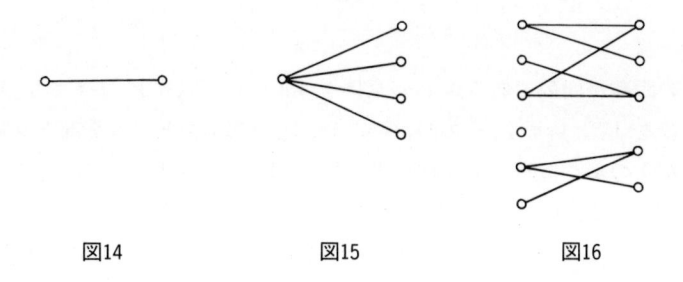

図14　　　　　図15　　　　　図16

　上で家の間取りをグラフに表す方法を述べました．パズル 2 の大邸宅を表すグラフを G として，(1), (2)は次のように書くことができます．

　(A)　グラフ G は長さが奇数の閉路を含まない．
　(B)　グラフ G は 2 部グラフである．

　したがって，パズル 2 の解答は「(A)から(B)が導かれ，逆に(B)から(A)が導かれる」ことを示すのと同じです．

　まず，(B)ならば(A)であることを証明します．G を部集合 V_1 と V_2 をもつ 2 部グラフとし，$C : v_1 v_2 \cdots\cdots v_k v_1$ を G の閉路とします．$v_1 \in V_1$ と仮定すると，$v_2 \in V_2$, $v_3 \in V_1$, $v_4 \in V_2$, …… となります（図17）．これより，k は偶数となることがわかります．$v_1 \in V_2$ と仮定しても同じ結論が導かれ，結局，C の長さは偶数となり，(B)ならば(A)であることがわかります．

　次に，(A)ならば(B)であることを証明します．まず，G が連結グラフの時を考えます．V を G の点集合，E を G の辺集合とします．$u \in V$ に対して，点

図17

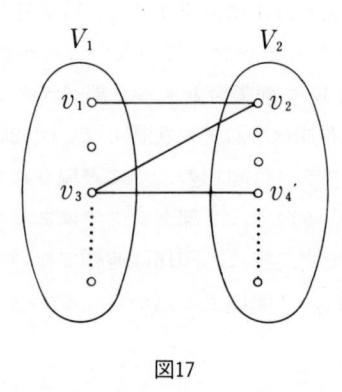

　u からの距離が偶数である点 v の全体を $V_1(\subset V)$ とし,V_1 に属さない V の点の集合を V_2 とします.その時,G が V_1,V_2 を部集合とする2部グラフであることが次のようにして示されます.まず,V_1 のどの2点も隣接していないことを示します.$|V_1|=2$ のときは,V_1 の作り方から明らかです.したがって,$|V_1|\geq 3$ とします.異なる2点 v と w を V_1 の元とし,$\{v,w\}\in E$ と仮定します.この時 v, w は u と異なることに注意して下さい.G の u-v 最短道を $u(=u_1)u_2\cdots\cdots u_{2n+1}(=v)$,($n\geq 1$),とし,$u$-$w$ 最短道を $u(=w_1)w_2\cdots\cdots w_{2m+1}(=w)$,($m\geq 1$),とします.この二つの道の共有点で,$w'$ を w'-v 部分道と w'-w 部分道が w' だけを共有するような点とします.この時,二つの u-w' 部分道は共に u-w' 最短道になっています.このことは,ある i に対して $w'=u_i=w_i$ であることを意味しています.この時,次の点の列 $w'(=u_i)u_{i+1}\cdots\cdots u_{2n+1}w_{2m+1}w_{2m}\cdots\cdots w_i(=w')$ は長さが $2(n+m-i+1)+1$ の G の閉路,すなわち長さが奇数の閉路です(図18).これは G が長さが奇数の閉路を含まないということに矛盾します.それ故,V_1 のどの2点も隣接していません.同様にして,V_2 のどの2点も隣接していないことが証明できます.次に,G が非連結グラフであるとします.この時には G の各連結成分を考えることになりますが,上と同様に,各連結成分が2部グラフになることが示され,結局,G は2部グラフになります(図16).

　以上のことから,次の定理がいえます.

図18

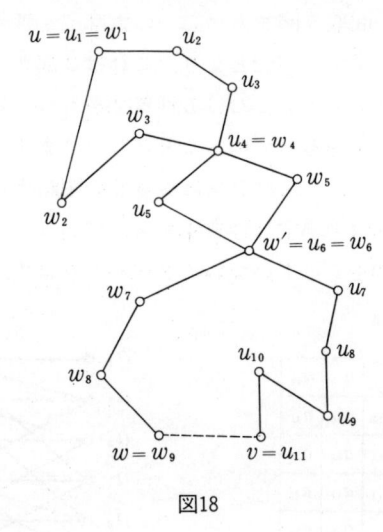

2部グラフ定理 2個以上の点をもつグラフが2部グラフであるための必要十分条件は，そのグラフが長さが奇数の閉路を含まないことである．

図19のグラフは長さ5の閉路 $v_3\ v_4\ v_5\ v_8\ v_{10}\ v_3$ を含んでいるので，2部グラフ定理より2部グラフではありません．図10はもちろん2部グラフではありません．

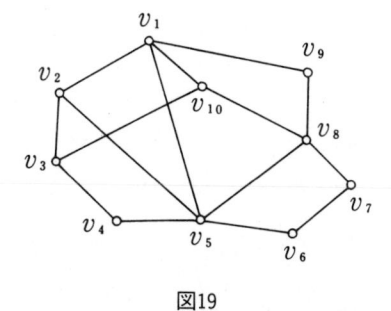

図19

74　第5章　迷路図

　図20, 21に描かれた間取り図をもつ二つの大邸宅を考えてみましょう．図20をグラフ表現してみますと図22となり，これは2部グラフです．したがって，図20に示す邸宅はパズル2における性質(2)をもっており，2部グラフ定理の適用により，性質(1)をもっていることがわかります．図21について，これをグラフ表現しますと，そのグラフは長さ5の閉路 $b_{12}\ b_{17}\ b_{18}\ b_{19}\ b_{13}\ b_{12}$ を含んでいますから，図21の邸宅は性質(1)をもっていなく，したがって2部グラフ定理により性質(2)をもっていないことがわかります．

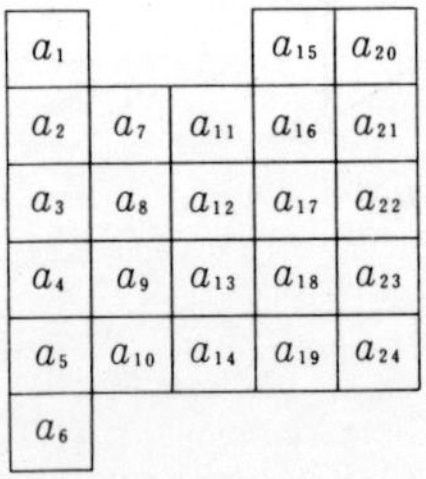

図20

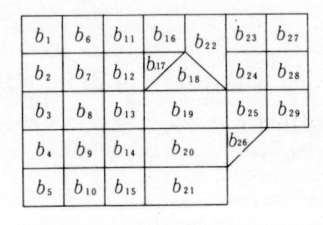

図21

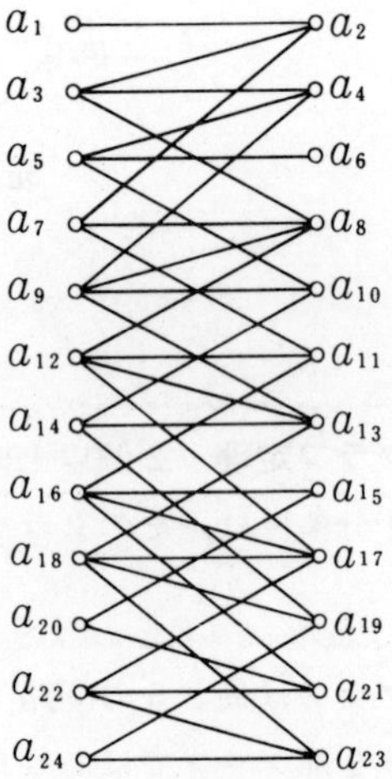

図22

第6章　順路図の設計

　読者の皆さんは「一筆書き」という言葉をよく知っておられることと思います．たとえば，図1で示したグラフの一筆書きを，つまり，ある点を書き始めの点（出発点）にして"ペンを紙からはなさずに"各辺を一度だけ通ってしかもすべての辺をなぞることができるかどうかといった問題を考えてみましょう．この場合は，v_1 を出発点にして辺 $\{v_1, v_2\}$, $\{v_2, v_3\}$, $\{v_3, v_4\}$, $\{v_4, v_5\}$, $\{v_5, v_6\}$, $\{v_6, v_2\}$, $\{v_2, v_5\}$, $\{v_5, v_3\}$, $\{v_3, v_6\}$, $\{v_6, v_1\}$ を順番になぞり，出発点に戻ることができます．この例では，どの点を出発点にしても一筆書きが可能です．しかし，図1のグラフの形を少し変えて，すなわち，点 v_4 を除いた（それに伴って v_4 に接続している辺 $\{v_3, v_4\}$, $\{v_4, v_5\}$ を除く）グラフ（図2）では，v_1 を出発点にしての一筆書きは失敗に終ります．それでは，v_3 を出発点にした場合はいかがでしょう．この時には，辺 $\{v_3, v_2\}$, $\{v_2, v_1\}$, $\{v_1, v_6\}$, $\{v_6, v_2\}$, $\{v_2, v_5\}$, $\{v_5, v_6\}$, $\{v_6, v_3\}$, $\{v_3, v_5\}$ を順番になぞると一筆書きが

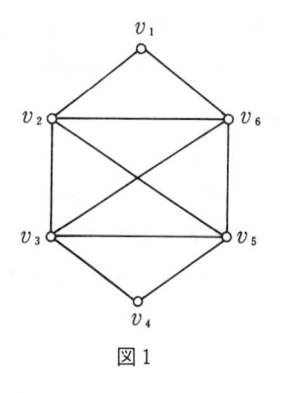

図1 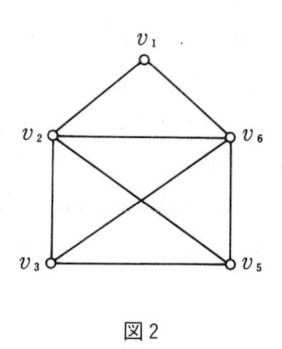　　　　　　　　　　図2

第6章 順路図の設計

できることがわかります．ただし，この試みでは書き終りの点（最終点）が v_5 で，出発点と異なり，最初の例と違っていることに注意して下さい．

　一筆書きの問題の起りは，ケーニヒスベルグの橋渡りの問題です．ケーニヒスベルグは現在，ロシアの都市でカリーニングラードと呼ばれています．ドイツの哲学者カントが住んでいた所としても有名です．18世紀の初め頃，この町中を流れているプレーゲル川には図3のように四つの区域を結ぶ七つの

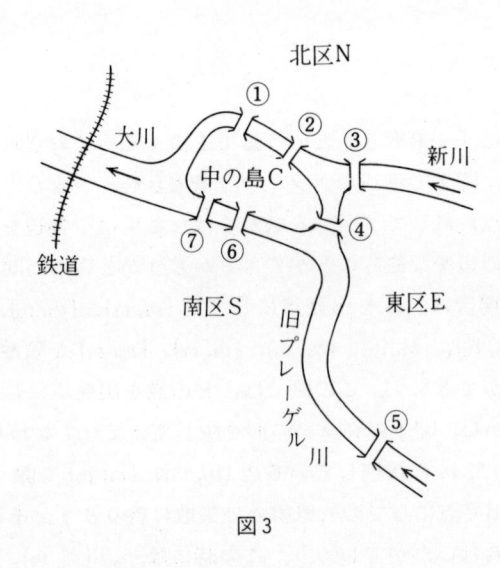

図3

橋がかかっていました．町の人々はどこの地方でもよくあるように町を一巡り散歩をしていたことでしょう．そこで，家から出発してどの橋も丁度1回渡って家へ戻るような散歩コースが計画できるかどうかという問題が起りました．この問題に対して否定的な解決を与えたのは，かずかずの業績を残したスイス生れの大数学者レオナルド・オイラー（1707—1783）でした．ちなみに，彼のグラフ論の論文としてはこの問題に関するものが最初であっただけでなく，グラフ論一般に関しても最初の論文であったようです．

　ここでは，一筆書きの可能性とか，特別なグラフの一筆書きの道順とかについて考えてみましょう．

§1. 一筆書き

グラフ G において，すべての辺を含む回路を G の**オイラー回路**といい，すべての辺を含む開いた小道を**オイラー小道**といいます．つまり，オイラー回路はある点から出発して，各辺を丁度1回通りもとに戻るような一筆書きです．又，オイラー小道はある点から出発して，各辺を丁度1回通り別な点に行き着くような一筆書きです．オイラー回路をもつグラフを**オイラーグラフ**といいます．オイラー回路かオイラー小道のいずれかをもつグラフは**一筆書き可能**であるといわれます．一筆書き可能なグラフはもちろん連結グラフ，すなわち，どの2点の間にもそれらの点を結ぶ道が存在します．

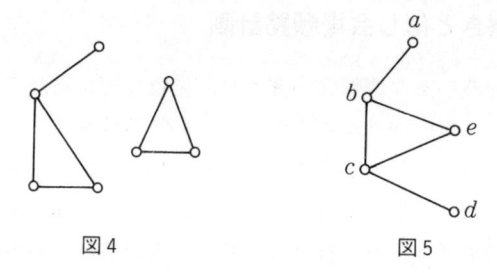

図4　　　　　　　　図5

図4のグラフは連結グラフでないので，一筆書きが不可能なことがわかります．また，図5のグラフも一筆書き可能でないグラフです．それは，点 a (点 d で考えても同じ) を出発した小道が b, c, d あるいは b, e, c, d とたどると，まだ通っていない辺をたどるには辺 $\{c, d\}$ をもう一度通る必要があります．また，この小道が b, c, e, b あるいは b, e, c, b とたどると，辺 $\{b, c\}$ をもう一度通らなければ辺 $\{c, d\}$ をたどることはできません．読者のみなさんは他の点すなわち b, c, e の各々を出発点とするあらゆる小道で考えてみて下さい．

図6のグラフはオイラー回路

$$C : abcdefgadbecfa$$

をもつからオイラーグラフです．図6のグラフから辺 $\{a, f\}$ を除いたグラフ (図7) はオイラー小道をもちます．それは，図6で得られたオイラー回路 C を表わす点の列の最後の文字 a を除くことにより得られる点の列 W :

abcdefgadbecf が図7のグラフのオイラー小道だからです．したがって，図6，7のいずれも一筆書き可能なグラフであることがわかります．

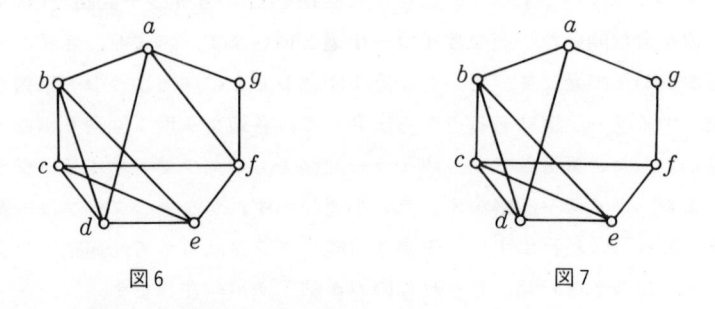

図6

図7

§2. 一筆書きと催し会場順路計画

近年各地でいろいろな博覧会が催され，見物に行かれた読者は多いことと思います．そこには国内外からの展示品や科学の粋をこらしたさまざまな催しがあります．さて，このような催し物を見物するにあたって，大勢の見物客のために，いたるところで人がぶつかり合うことになります．そこで，主催者として混雑をできるだけ避けるために，人の流れを一定にし，しかも各催しでのお土産をできるだけ多くお客に買ってもらうにはどうすればよいかを考えるでしょう．この問題の解決方法に一筆書きの応用が考えられます．各催し会場を点とし，二つの会場を結ぶ道を辺と考えれば，会場全体はグラフに対応します．たとえば，図8のグラフが表す，催し会場 a, b, c, d, e, f, g をもつ会場を例にしてみましょう．ただし，会場 a と g はそれぞれ会場全

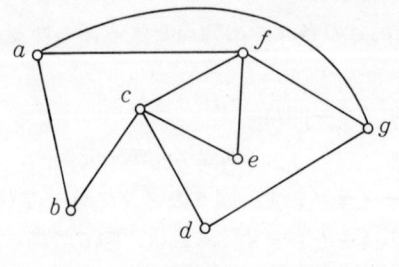

図8

体の入口と出口とします．このグラフでの一筆書き（この場合はオイラー小道）はいくつかありますが，そのうちの一つは

$$W : abcdgfecfag$$

です．主催者はこのオイラー小道を順路計画にすると，見物客はこの順路に従って各催しを見物することになります．この順路の場合，次の事がわかります．

(1) 見物人は催し a, c, f, g の各々を二度見物することになり，残りの催しの各々については一度だけ見物することになる．

> **パズル1**　10の催し会場 $a_1, a_2, \cdots, a_{10}$ の主催者は一筆書きに基づいた順路図を計画しました．そこで，手初めに各催し会場から出ている道の本数を調べ，その結果は次の通りでした．
>
> | 催し会場 | a_1 | a_2 | a_3 | a_4 | a_5 | a_6 | a_7 | a_8 | a_9 | a_{10} |
> |---|---|---|---|---|---|---|---|---|---|---|
> | 道の本数 | 4 | 4 | 5 | 3 | 4 | 3 | 5 | 4 | 4 |
>
> 主催者はこの数値から一筆書きは不可能ということを知りました．そのわけを考えて下さい．

このパズルの解答に迫る前に，一筆書きについて次節で色々調べてみましょう．

§3. 一筆書きの可能性

連結でないグラフは一筆書きできないので，グラフの一筆書きの可能性は連結グラフの場合を考えれば十分です．そこで，図1, 2, 5, 6, 7, 8 に示した六つのグラフを例にとって，グラフが一筆書き可能である条件を引き出してみましょう．そのために，各々のグラフの偶点および奇点の個数を表にしてみましょう（表1）．この表は，奇点の個数が4である図5のグラフは一筆書き不可能で，奇点の個数が0か2であるもの（図1, 2, 6, 7, 8のグラフ）は一筆書き可能であることを示しています．したがって次の命題が予想されます．

(2) 奇点の個数が0か2で，2個以上の点をもつ連結グラフは一筆書き可能である．

第6章　順路図の設計

表　1

	偶点の個数	奇点の個数	一筆書きの可能性
図1のグラフ	6	0	オイラー回路をもつ
図2のグラフ	3	2	オイラー小道をもつ
図5のグラフ	1	4	一筆書き不可能
図6のグラフ	7	0	オイラー回路をもつ
図7のグラフ	5	2	オイラー小道をもつ
図8のグラフ	5	2	オイラー小道をもつ

表の中で，一筆書き可能なグラフについてさらに細かく調べると，奇点の個数が0か2に従ってグラフがオイラー回路をもつかオイラー小道をもつかに分れるのではないかと予想され，次の命題が考えられます．

(3) 連結グラフがオイラー回路をもつならばこのグラフのどの点も偶点である．

(4) 連結グラフがオイラー小道をもつならばこのグラフの奇点の個数は丁度2である．

まず，(3)が正しいことを示しましょう．連結グラフをGとし，vをGの任意の点とします．Gのオイラー回路Cをたどって行き，vに接続する辺でCによりたどられた辺の本数$N(v)$を数えていきます．vが出発点でない(最終の点でない)ときは，最初$N(v)=0$であって，Cはvに接続するある辺から進入し別の辺へ出て行くので，Cがvを1回通過するたびに$N(v)$は$2,4,6,\cdots$と2ずつ増えていきます．最終的にCはvに接続するすべての辺をたどるので$N(v)$はvの次数と一致し，$N(v)$は偶数だからvは偶点であることがわかります．vがCの最初の点ならば，Cがvを出発するとき，vに接続するある辺を出て行くので最初$N(v)=1$となります．その後は上と同じように考えて，$N(v)$は$3,5,7,\cdots$と2ずつ増えていき，Cは最終的にvに戻るので$N(v)$は最後に1が加算されます．従って，vはまた偶点になり，結局(3)が正しいことがわかります．

以上のことを図9のグラフのオイラー回路$C: acdeabcefda$について，たとえば$N(a)$と$N(d)$の変化についてみてみましょう．点aを出発して辺$\{a,c\}$をたどるので$N(a)=1$となり，Cが次に点c,d,e,aとたどりbに進むと

き，二つの辺 $\{e,a\},\{a,b\}$ を通過するので $N(a)$ は2増え $N(a)=3$ となります．最後に d を通って a に戻るとき $N(a)=4$ となり点 a の次数と一致します．$N(d)$ については，最初 $N(d)=0$ であって，C が a,c とたどり d を通って e に進むとき，二つの辺 $\{c,d\},\{d,e\}$ を通過するので，$N(d)$ は2増え $N(d)=2$ となります．また，もう一度 d を通るとき，$N(d)=4$ となり点 d の

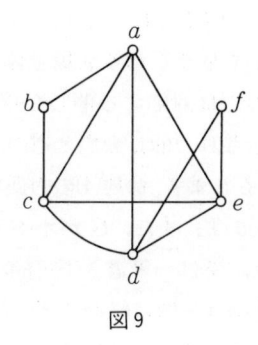

図9

次数と一致します．

 (4)について，W を連結グラフ G の x–y オイラー小道（x から始まって y で終るオイラー小道）とします．W についても同じように $N(v)$ を考えると，v が x,y と異なる場合は $N(v)$ は偶数であり，v が x か y のときは $N(v)$ は奇数であることがわかります．以上により，(4)が正しいことがわかり，また次の結果が得られます．

 (5) オイラー小道 W をもつグラフ G について，W の出発点と最終点の G における次数は共に奇数である．

上記における $N(v)$ の計算により，さらにもう一つの結果が得られます．

一筆書きの訪問回数定理 グラフ G が一筆書き可能であるとき，この一筆書きが G の点 v を通過する回数 $m(v)$ は，特定の一筆書きに依存しないで，$d(v)$ を v の次数として，

$$m(v) = \begin{cases} \dfrac{d(v)}{2} & (d(v) \text{ が偶数のとき}) \\ \dfrac{d(v)+1}{2} & (d(v) \text{ が奇数のとき}) \end{cases}$$

で与えられる．ただし，一筆書きが v で始まりあるいは v で終る場合も通過すると呼ぶことにする．

催し会場全体の一筆書きに従った順路計画において，見物客の各々が各催しを何回見物するかといった回数が，上記の一筆書き訪問回数定理により得られます．図8のグラフにおいて，各催しを見物する回数は特定の一筆書き順路図によらず(1)に示されているとおりです．(3)と(4)を用いてパズル1の解答をしてみます．パズル1で与えられる会場全体を表すグラフを G とします．G の各点の次数はその点に対応する催し会場から出ている道の本数です．従って，パズルの中で示された催し会場と道の本数の対応表により，G は4個の奇点 a_3, a_4, a_7, a_8 をもちます．命題(4)の対偶でもって，G はオイラー小道をもたないことがわかります．また，G がオイラー回路をもつとすれば命題(3)に矛盾します．それ故，G は一筆書き不可能，すなわち，パズルにおいて一筆書きに従った順路計画は失敗に終ることがわかります．

ここで初めに述べたケーニヒスベルグの橋渡りの問題を考えてみましょう．図3に示された四つの区域を点で表し，橋を辺で表すと，図10でみられるグラフができます．このグラフは第1章に定義したグラフとは少し異なり**多重グラフ**と呼ばれています．多重グラフは異なった2点の間に複数本の辺を認めたものです（図10のグラフでは，たとえば2点 C, N の間に2本の辺があります）．(3), (4), (5)はグラフを多重グラフに置き換えてもそのまま成り立ちます．図10の点 C, E, N, S の次数は5, 3, 3, 3ですから，奇点の数は4でパズル1

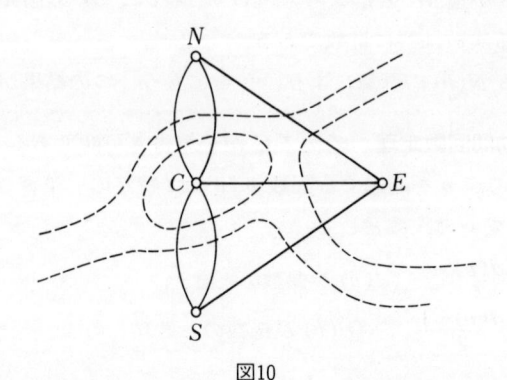

図10

の解答と同じように考えて，図10のグラフは一筆書き不可能，すなわち，ケーニヒスベルグの各橋を丁度1回だけ渡って散歩することはできないことがわかります．

§4. 円卓問題と一筆書き

毎年，日米欧加の各首脳が一同に会するサミットが各国の持ち回りで開かれています．どの国にも後のしこりが残らないように主催国としては気を使います．そこで，次のパズルを考えてみて下さい．

> **パズル2（円卓問題）** サミットの参加国名は $a_1, a_2, \cdots, a_{2n+1}$ で，各国から n 人ずつ合計 $n(2n+1)$ 人が円卓会議に出席するとします．丸テーブルに $n(2n+1)$ 人すべてが座り，その場合各国について，その国の n 人の両隣りには他の $2n$ カ国の人がしかもすべて国が異なる人が位置するようにしたいとします．たとえば，a_1 国の n 人の高官 $x, y, \cdots, z$ について，x の両隣りに a_2, a_3 の国のある人が，y の両隣りには a_4, a_5 国の人が，$\cdots$，z の両隣りには a_{2n}, a_{2n+1} 国の人が座るといったようなことです．さて，このような座り方は可能でしょうか．もし可能ならば各国の配置を示して下さい．

$n=2$，つまり参加国が $a_1, a_2, \cdots, a_5$ の場合で考えてみましょう．これらの国々の各人がお互いに話題の交換を行うということですから，この事情は

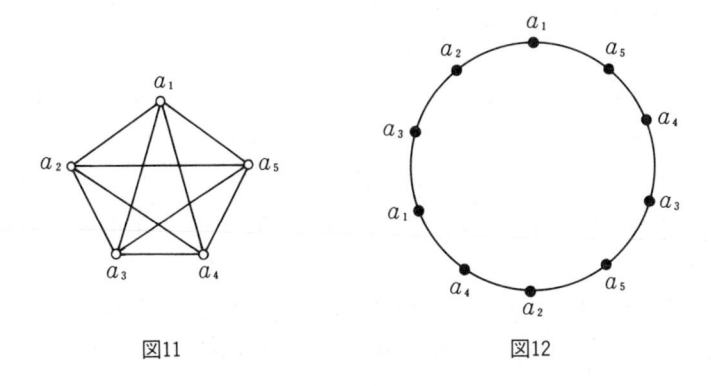

図11   図12

$a_1, a_2, \cdots, a_5$ を点とし，どの2点も辺で結んで得られるグラフ，すなわち図11に示した5点完全グラフ K_5 に相当します．

このグラフがオイラー回路

$$C: a_1 a_2 a_3 a_1 a_4 a_2 a_5 a_3 a_4 a_5 a_1$$

をもつことは簡単にわかります．図12で見られるように，各国の高官は C を表す点列に従って，時計の逆回りに丸テーブルに席をもちます．C は図11のすべての辺を1回だけ通るので，各国の両隣りには他の4カ国のすべて国が異なる高官が座ることになります．図12でたとえば，a_1 国のある高官の両隣りには a_2, a_5 のある高官が，a_1 国のもう1人の高官の両隣りには a_3, a_4 国のある高官が座っています．すべての国々はこの丸テーブルでの会議により，お互いに有意義に話題を交換することができます．

以上述べた考察から，一般的な場合，つまりパズル2は次の問題に置き換えられます．

> **問題1** 点 $a_1, a_2, \cdots, a_{2n+1}$ をもつ $(2n+1)$ 点完全グラフ K_{2n+1} はオイラー回路をもちますか．もつならば，その構成法を示して下さい．

K_{2n+1} のどの点も偶点（どの点の次数も $2n$）ですから，命題(3)の逆がいえればよいことになります．そこで，より一般的な命題(2)を証明してみましょう．

証明は連結グラフ G の辺の本数に関する数学的帰納法によります．G が1本だけ辺をもつ場合は明らかです．辺の本数が，$q-1(q \geq 2)$ 以下のグラフについては命題（2）が成り立つものとして，今 G の辺の本数を q とします．

(i) 奇点の数が0のとき，G の任意の辺 $\{u, v\}$ を G から除いて得られる新しいグラフ G' は奇点として u, v だけをもつグラフです．もし G' が連結グラフでないならば，G' は u, v のそれぞれを含む二つの連結成分から成り，各連結成分は奇点を奇数個（1個）もち，第1章で述べた奇点定理に反します．よって G' は連結グラフです．帰納法の仮定により，$q-1$ 本の辺をもつ G' は一筆書き可能です．さらに，G' は2個の奇点をもつことから，(4)と(5)を G' に適用して G' は u で始まり v で終るオイ

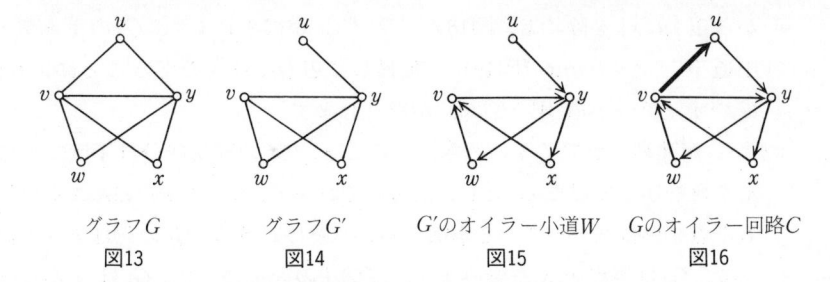

グラフ G 　　　グラフ G' 　　　G' のオイラー小道 W 　　　G のオイラー回路 C
図13　　　　　図14　　　　　　図15　　　　　　　　図16

ラー小道をもつことがわかります．この小道をさらに延長して辺 $\{u,v\}$ をたどることにより，G のオイラー回路が得られます．図13を例にしてこの証明の流れをみてみましょう．図13は奇点を全然含まないグラフ G です．G から辺 $\{u,v\}$ を除くと図14に示されたグラフ G' が得られます．G' のオイラー小道 $W : uyxvywv$（図15）に対して，W を延長して辺 $\{u,v\}$ をたどると G のオイラー回路 C が得られます（図16）．

(ii) 奇点の数が2のとき．G の奇点を u,v とします．$q \geq 2$ だから，G は3個以上の点をもち，少なくとも u と v のいずれか一方に隣接する偶点が G にあります．今，u に隣接する偶点があるとしてこれを x とします．G から辺 $\{u,x\}$ を除いたグラフを G' として，二つの場合が考えられます．

(イ) G' が連結グラフのとき．G' は二つの奇点 v,x をもち（u は G' の偶点），その上 G' は $q-1$ 本の辺をもちますから，帰納法の仮定により，G' は一筆書き可能です．(4)と(5)から，G' は v から始まって x で終るオイラー小道 W' をもちます．この W' を延長して辺 $\{u,x\}$ をたどることにより，G のオイラー小道 W が得られます．図2で示したグラフをもう一度例として図17に与えます．図17は奇点を丁度二つもつグラフ G です．G

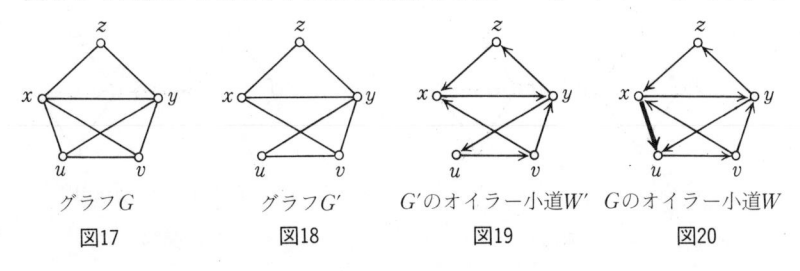

グラフ G 　　　グラフ G' 　　　G' のオイラー小道 W' 　　　G のオイラー小道 W
図17　　　　　図18　　　　　　図19　　　　　　　　図20

から辺 $\{u,x\}$ を除くと，図18のグラフ G' が得られます．G' のオイラー小道 W': $vyzxyuvx$（図19）を延長して辺 $\{u,x\}$ をたどることにより，G のオイラー小道 W（図20）が得られます．

(ロ) G' が連結グラフでないとき．このとき，G' の連結成分は丁度二つで，u を含む連結成分を G_1 とし，他方のそれを G_2 とします．どんなグラフも奇点を偶数個もっている事実から，（G' における）G_1 の点はすべて偶点で，G_2 は奇点 v,x を含みます．帰納法の仮定により，G_1 は u から始まって u で終るオイラー回路 C' をもち，G_2 は x で始まり v で終るオイラー小道 W' をもちます．従って，G のオイラー小道 W は，u から始めて G_1 のオイラー回路 C' をたどって u に戻り，辺 $\{u,x\}$ をたどり，さらに x から G_2 のオイラー小道 W' をたどって v に到達することによって得られます．例として，図21に示したグラフ G を考えてみましょう．G から辺 $\{u,x\}$ を除くと図22で見られるように，二つの連結成分 G_1, G_2 をもつグラフができます．G のオイラー小道 W は G_1 のオイラー回路 C': $urstu$（図23）をたどり，次に，辺 $\{u,x\}$ へ進み，最後に G_2 のオイラー小道 W': $xyzxv$（図23）をたどることにより構成されます（図24）．以上で命題(2)の証明が終ります．

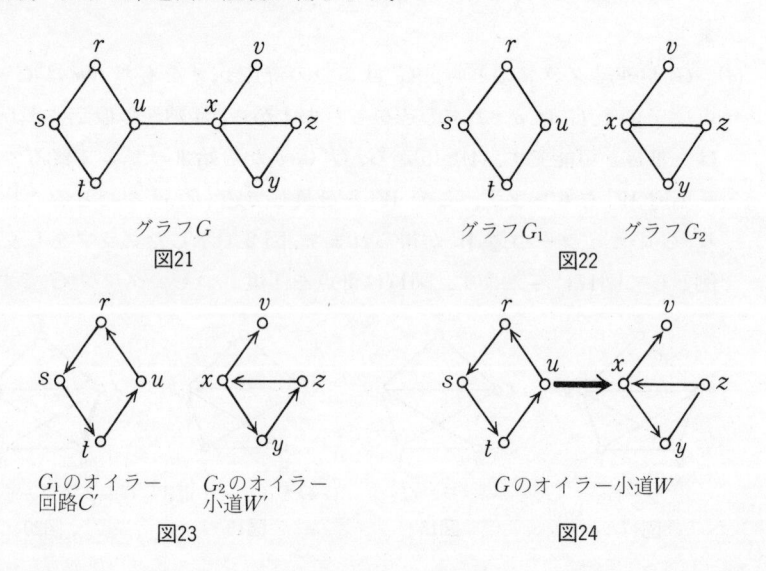

グラフ G
図21

グラフ G_1　　グラフ G_2
図22

G_1 のオイラー回路 C'　　G_2 のオイラー小道 W'
図23

G のオイラー小道 W
図24

§4. 円卓問題と一筆書き　87

第3節の命題(2)—(5)を以下の定理でまとめておきます．

オイラー回路定理　G を3個以上の点をもつ連結グラフとする．このとき，G がオイラー回路をもつための必要十分条件は G のすべての点が偶点であることである．

オイラー小道定理　G を2個以上の点をもつ連結グラフとする．このとき，G がオイラー小道をもつための必要十分条件は G が丁度2個の奇点をもつことである．さらにオイラー小道は一方の奇点より始まりもう一方の奇点で終る．

さて，問題1の解答をします．$(2n+1)$ 点完全グラフ K_{2n+1} のどの点の次数も $2n$，すなわち，どの点も偶点ですから，オイラー回路定理により，K_{2n+1} はオイラー回路をもつことがわかります．そこで，K_{2n+1} のオイラー回路の構成法を示します．簡単のために，$n=1,2$ についての K_{2n+1} のオイラー回路を構成します．K_3（図25）のオイラー回路は

$$C_1: a_1 a_2 a_3 a_1$$

です．K_5（図26）については，K_5 から K_3 のオイラー回路 C_1 上のすべての辺を除いたグラフ（図27）の各点は偶点なので，オイラー回路定理よりこのグラフはオイラー回路 $C: a_1 a_4 a_2 a_5 a_3 a_4 a_5 a_1$ をもちます．C_1 と C を合体することにより，次の K_5 のオイラー回路が得られます．

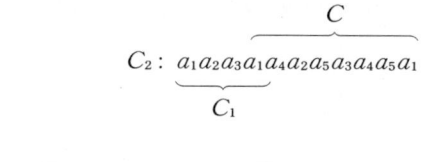

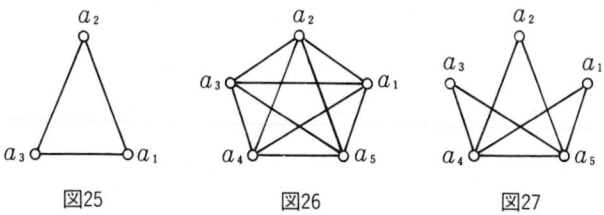

$$C_2: \underbrace{a_1 a_2 a_3}_{C_1} \overbrace{a_1 a_4 a_2 a_5 a_3 a_4 a_5 a_1}^{C}$$

図25　図26　図27

88　第6章　順路図の設計

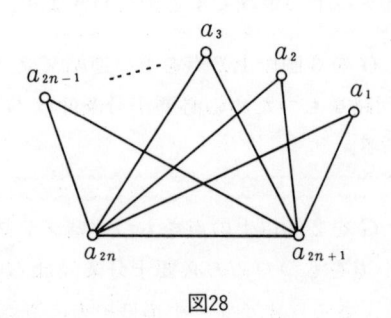

図28

以上の構成法からわかるように，点 $a_1, a_2, \cdots, a_{2n+1}$ をもつ K_{2n+1} のオイラー回路 C_n は，まず点 $a_1, a_2, \cdots, a_{2n-1}$ をもつ K_{2n-1} のオイラー回路 C_{n-1} を構成し，K_{2n+1} からこの回路上のすべての辺を除いたグラフ G（図28）を考えます．$a_1, \cdots, a_{2n-1}$ の次数はすべて 2 であって，他の 2 点 a_{2n}, a_{2n+1} の次数はいずれも $2n$ です．そこで，G のオイラー回路

$$C: a_1 a_{2n} a_2 a_{2n+1} a_3 a_{2n} a_4 a_{2n+1} \cdots a_{2n+1} a_{2n-1} a_{2n} a_{2n+1} a_1$$

が得られます．C_{n-1} と C を合体させることにより，K_{2n+1} のオイラー回路

$$C_n: \underbrace{a_1 \cdots a_1}_{C_{n-1}} \overbrace{a_{2n} a_2 a_{2n+1} \cdots a_{2n+1}}^{C}$$

が構成されます．

第7章 頂点巡りの数理

 グラフのすべての辺を丁度1回通る, いわゆるグラフの一筆書きについて前章で述べました. ケーニヒスベルグの橋渡りの問題について (図1), 北区, 東区, 南区, 中の島のどこから出発してもすべての橋を丁度1回渡ってもとに戻るような順路は存在しない, つまり, 図2で表したように, 各区域を点とし, 二つの区域を結ぶ橋を辺とした (多重) グラフは一筆書き不可能であることを知りました.
 一筆書きと類似した概念ですが, グラフのすべての点を丁度1回通るようなグラフの問題があります. このようなグラフも非常に応用範囲が広く, グラフ論の重要な部分を占めています. ここでは, このようなグラフについて考えてみましょう.

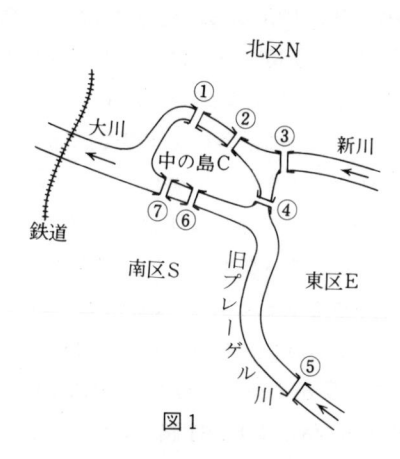

図1

第7章 頂点巡りの数理

図2

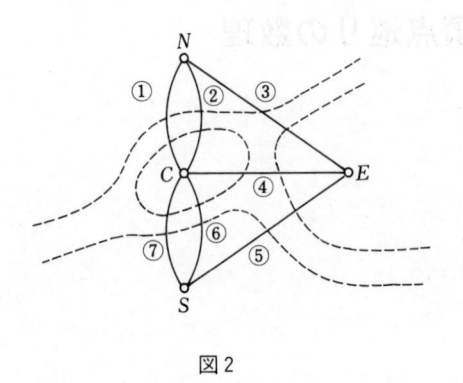

§1. 頂点巡り

まず，パズルの問題からはじめましょう．

パズル1 図1に示したケーニヒスベルグの四つの区域 N, E, C, S のどの区域も丁度1回訪れてもとの場所に戻ることができるような順路を計画して下さい．

このパズルの答はすぐにわかると思います．たとえば，北区 N を出発して，橋③を渡って，東区 E を訪れ，次に橋⑤を渡って南区 S に行き，橋⑥を渡り中の島 C を訪れた後，橋①から出発点 N に戻る順路がその解答になっています．これは，図2の多重グラフにおいて，点と辺の交互により表される閉路 N ③ E ⑤ S ⑥ C ① N に対応しています．

図3, 4, 5のグラフについて，各点を丁度1回通り，しかもすべての点を通ってもとの点に戻れるかどうか，すなわちすべての点を含む閉路が存在するかどうか考えてみましょう．図3, 4は共にすべての点を含む閉路 C : $v_1 v_2 v_5 v_6 v_3 v_7 v_8 v_9 v_4 v_1$ をもっています．しかし図5では，v_3 が出発点であってもなくても，すべての点を訪れるには v_3 を少なくとも3度訪れることになり，このグラフはすべての点を含む閉路をもっていません．

グラフ G において，G がすべての点を含む閉路を部分グラフとしてもつならば，その閉路を G の**ハミルトン閉路**といいます．すなわち，ハミルトン

図3

図4

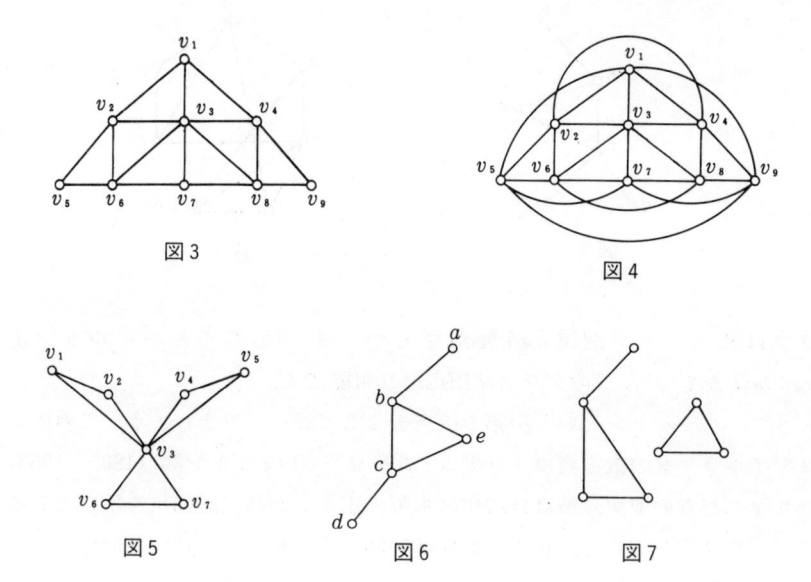

図5　図6　図7

閉路はある点から出発して，各点を丁度1回ずつ通りもとの点に戻るような閉路のことです．また，Gの**ハミルトン道**とはGのすべての点を含む道のこと，つまり，ある点から出発して各点を丁度1回ずつ通るような道のことをいいます．Gのハミルトン閉路とかハミルトン道とかはGの全域部分グラフです．Gがハミルトン閉路をもつとき，Gは**ハミルトン**であるといわれていますが，ここでは，Gがハミルトン閉路あるいはハミルトン道をもつとき，Gは**頂点巡り可能**であると呼ぶことにします．グラフGがハミルトン閉路$v_1v_2\cdots v_nv_1$をもつならば，点列$v_1v_2\cdots v_n$は明らかにGのハミルトン道です．しかしながら，ハミルトン道をもつグラフは必ずしもハミルトンでないことが図6で観察することができます．図6はハミルトン道$abecd$をもちますが，点aの次数は1ですから，このグラフはハミルトンでないことがわかります．

　頂点巡り可能なグラフは常に連結グラフです．だから，図7のグラフは連結でないので頂点巡り可能ではありません．図6に新しい点fと新しい辺$\{c,f\}$を加えて得られるグラフ（図8）は頂点巡り不可能な例です．図9のグ

第7章 頂点巡りの数理

図8

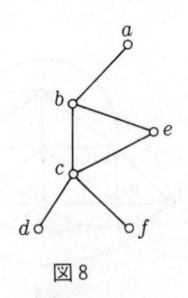

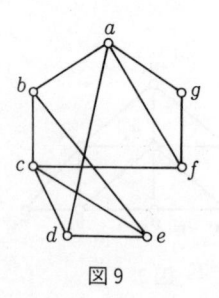

図9

ラフはハミルトン閉路 *agfcbeda* をもつので，（もちろんハミルトン道 *agfcbed* をもつ），このグラフは頂点巡り可能です．

　さて，ハミルトンという用語の由来をここで述べてみましょう．この用語はアイルランドの数学者ウィリアム・ローワン・ハミルトン卿（1805—1865）にちなんだものです．彼は1857年に木製の正十二面体（図10）を用いてあるパズルを発表しました．正十二面体は20個の頂点をもち，12個の面はすべて正五角形な凸多面体です．ハミルトンは正十二面体の各頂点にブリュセル，カントン，デリ，フランクフルト，サイジバルといった当時の主要都市の名前を付け，そのパズルというのはこの十二面体の稜に沿って各都市（頂点）を丁度1回ずつ通って，出発した都市に戻るような順路を見いだせというものでした．どの経路をすでに通ったかをはっきりさせておくために，彼は頂点に打ちつけておく木釘と，道順の順番に合わせて木釘に巻き付けていくための糸を用意しました．読者の皆さん，正十二面体を実際に作ってこのパズ

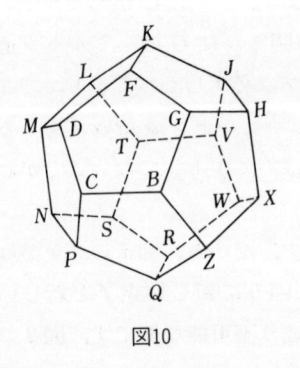

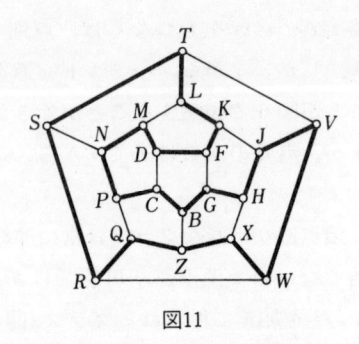

図10

図11

§1. 頂点巡り　93

ルに挑戦してみて下さい．恐らく，この十二面体のままでは扱いにくいことがわかると思います．ハミルトンもそのようなことに気付き，立体のかわりに図11に示したグラフを考えました．図11では，このグラフのハミルトン閉路を簡単に見い出すことができます．たとえば太線で示した閉路がそうです．

　ここで，与えられたグラフの一筆書き可能性と頂点巡り可能性との関係を調べてみましょう．図12(イ), (ロ)のグラフの各点は偶点ですから，第6章の「オイラー回路定理」により，オイラー回路をもち，したがってそれらのグラフは一筆書き可能です．しかしながら，図12(ハ), (ニ)のグラフは奇点を4個含んでいるので，「オイラー回路定理・オイラー小道定理」により，一筆書き不可

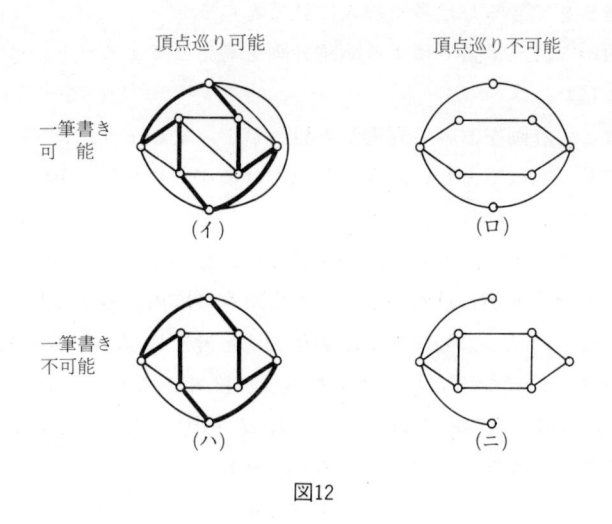

図12

能ということがわかります．図12(イ), (ハ)のグラフについては，グラフの中に描かれた太線をたどってゆくことにより，ハミルトン閉路が得られ，これらのグラフは頂点巡り可能であることがわかります．しかし，図12(ロ), (ニ)については，どの点から出発しても各点を丁度1回ずつ通るような道を見つけることができませんので，これらのグラフは頂点巡り不可能という結論に到達します．

　一筆書きと頂点巡りの定義はよく似ていますが，図12のグラフからみて，一筆書き可能なグラフと頂点巡り可能なグラフの関係がわかりにくいことが

理解されます．一筆書き問題のところで見たような非常に有効な判定方法が頂点巡りの場合には今までのところまだ見つかっていません．ここでは，グラフが頂点巡り可能であるための十分条件を一部述べてみようと思います．

§2. 頂点巡りと催し会場順路計画

色々の展示品やお土産物を備えた催し会場に大勢の見物客が訪れた場合，いたる所で人がぶつかり合うことになります．主催者としては，

(a) 混雑をできるだけ避けるために人の流れを一定に，しかも
(b) 各催しをできるだけ多くの人に見てもらう，

という理由から，一筆書きによる順路計画を考えるであろうということは前章で述べました．

ここではこの計画をお客の立場から見直してみましょう．まず，お客の立場からしても，(a)は望ましい条件だと思われます．しかし，条件(b)については，一度見た催しを見物客は再度見ようとはしないと思われ，(b)は必ずしも必要としないでしょう．そこで，(a)を満たし，しかもすべての催しを見物する順路をお客サイドから計画するのに頂点巡りの応用が考えられます．各催し会場を点とし，二つの会場を結ぶ通路を辺と考えれば，会場全体はグラフに対応します．前章で用いたグラフをもう一度考えてみましょう（図13）．$a, b, c, \cdots, g$ は催し会場を表し，a を入口，d を出口とします．a から始まって，d で終るハミルトン道は唯一つあり，それは

$$H : abcefgd$$

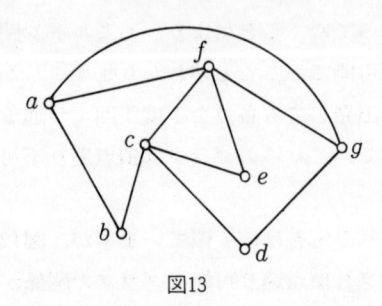

図13

です．この道を順路にすると，見物客はこの順路に沿って各催しを丁度1回ずつ見物することになります．

> **パズル2** ある会場で16の催し $v_1, v_2, \cdots, v_{16}$ が行われています．それらの催しを結ぶ通路は図14に示されています．主催者はお客の立場に立って，頂点巡りに基づいた順路図を計画しました．ところがどの点を出発点に，どの点を最終点（出発点と最終点は必ずしも異ならない）にしても，この計画は失敗することがわかりました．そのわけを考えてみて下さい．

このパズルの解答を二つの方法で行ってみます．それは，それらの方法から推察される一般的な結果が頂点巡り可能性への判定に有用と思われるからです．

方法1 点 v_1（どの点から出発してもよい）に A という印を付け，v_1 に隣接している点 v_2, v_6, v_7 に B という印を付けます．次に，v_2, v_6, v_7 のいずれかに隣接している点に印 A を付けます．つまり，印 A をもつ点（A-点と呼ぶ）に隣接している点に印 B を付け，印 B をもつ点（B-点と呼ぶ）に隣接している点に印 A を付けます．この手続きをすべての点に印が付くまで続けます．図14のグラフは長さが奇数の閉路を含まないので，第5章の「2部グラフ定理」により，この操作は可能です．（2部グラフでないグラフ，たとえば，長さ5の閉路（図15）は上記の操作で点に印 A, B を付けることはできま

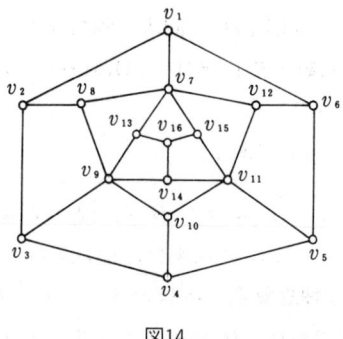

図14 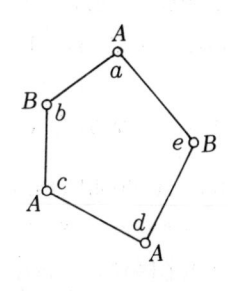 図15

せん．一般性を失うことなく，最初に点 a に印 A を付け，a に隣接した点 b, e に印 B を付けると，b, e に隣接する点 c, d に印 A を付けることになり，A-点同志が隣接していることになります．）この操作によって得られるグラフを図16に示します．図14のグラフが頂点巡り可能ならば，その頂点巡り（ハミルトン閉路かハミルトン道）は A-点と B-点を交互に通りしかも A-点の個数と B-点の個数の差は 0 か 1 です．ところが図16において，A-点が 9 個，B-点が 7 個でその差は 2 となり，図14のグラフは頂点巡り不可能ということがわかります．

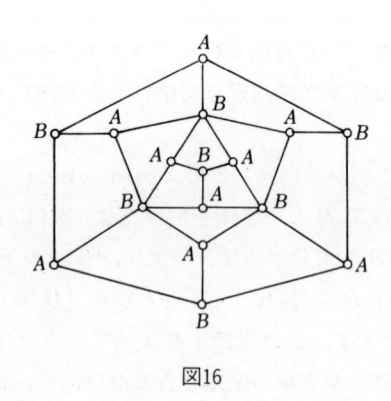

図16

この方法から次の定理が得られます．

> **頂点巡り定理1** 方法1の手順でグラフ G の各点に印 A あるいは印 B が矛盾なく付けられたとする（A-点同志，B-点同志は隣接することはない）．このとき，A-点，B-点の個数をそれぞれ $s(A), s(B)$ とすると，
> $$|s(A) - s(B)| \geq 2$$
> が成り立つならば，G は頂点巡り不可能である．

図16の A-点同志はお互いに隣接していない，また B-点同志もお互いに隣接していません．一般にグラフ G に対して，G の点集合の部分集合 S の中のどの 2 点も隣接していないとき，S は**独立集合**と呼ばれます．したがって，図16の A-点からなる集合は独立集合であり，B-点からなる集合もまた独立

集合です．この独立集合の性質を用いて，パズル2の解答を再度行なってみましょう．

方法2 図14のグラフが頂点巡り可能であるとして，H をそれのハミルトン閉路かハミルトン道とします．各点 v について，v に接続している辺で H に含まれない辺の個数を $n(v)$ で表します．そのとき，H に含まれない辺 $\{u,v\}$ は $n(u)$ と $n(v)$ において2度計算されることから，等式

$$27 = n(H) + \frac{1}{2}\sum_{i=1}^{16} n(v_i) \tag{1}$$

が得られます．ここで，27は図14のグラフの辺の個数で，$n(H)$ は H に含まれる辺の個数を表します．図14のグラフの独立集合 $S=\{v_2, v_4, v_6, v_7, v_9, v_{11}, v_{16}\}$ を考えます．S の要素はすべて図16の B-点であることに注意して下さい．点 v の次数 $d(v)$ が 2 以上ならば，v に接続している辺のうち少なくとも $d(v)-2$ 本は H に含まれないから，

$$n(v) \geq d(v) - 2$$

であることがわかります．（H がハミルトン閉路のときは，上式は等号が成り立ちます．）したがって，v_2, v_4, v_6, v_{16} の次数は 3 より，

$$n(v_2) \geq 1, \; n(v_4) \geq 1, \; n(v_6) \geq 1, \; n(v_{16}) \geq 1 \tag{2}$$

となり，v_7, v_9, v_{11} の次数は 5 より

$$n(v_7) \geq 3, \; n(v_9) \geq 3, \; n(v_{11}) \geq 3 \tag{3}$$

となることがわかります．S が独立集合ということに注意して，(2), (3)を(1)に適用すると

$$\begin{aligned}
27 &= n(H) + \frac{1}{2}\{n(v_1) + n(v_2) + \cdots + n(v_{16})\} \\
&\geq n(H) + n(v_2) + n(v_4) + n(v_6) + n(v_7) + n(v_9) + n(v_{11}) + n(v_{16}) \\
&\geq n(H) + 1 + 1 + 1 + 3 + 3 + 3 + 1 \\
&\geq n(H) + 13
\end{aligned}$$

となり，$n(H) \leq 14$ を得ます．しかし，図14のグラフの点の個数は16で，H がハミルトン閉路のときは $n(H)=16$，H がハミルトン道のときは $n(H)=15$ となり，$n(H) \leq 14$ に矛盾します．それ故，図14のグラフは頂点巡り不可能ということがわかります．

この方法から次の定理が得られます．

> **頂点巡り定理2** G を p 個の点と q 本の辺をもつ連結グラフとする．このとき，次数2以上の点からなるある独立集合 S に対して，
> $$q-\sum_{v\in S}(d(v)-2)\leq p-2$$
> が成り立つならば，G は頂点巡り不可能である．ここで $\sum_{v\in S}(d(v)-2)$ は S に属する要素 v について $d(v)-2$ の和をとることを意味する．

§3. 頂点巡りの可能性

> **パズル3** $n(\geq 3)$ 人からなるあるグループがあるとします．グループのメンバー同志はお互いに知り合いとは限りません．しかし，グループの中のどの2人 A, B についても，A と知り合いであるメンバーの人数と B と知り合いであるメンバーの人数の和はグループの人数 n 以上だとします．このとき，グループの中に連絡網を作ることができます．すなわち，伝えたい情報をあるメンバーを出発点にして，知り合いを通じて各メンバーに丁度1回ずつ順次知らせて行き，最後の人が最初の人に（全メンバーに伝わったという意味で）その情報を返すというような情報伝達方式を設けることができます．そのわけを考えて下さい．

お互いの知り合い関係は第1章で説明したように，グラフで表現することができます．すなわち，メンバーを点で表し，2人のメンバーがお互いに知り合いならば，対応する2点を辺で結びます．まず，簡単な例でパズルを考えてみましょう．8人からなるグループで，その構成メンバーを $v_1, v_2, \cdots, v_8$ とし，お互いの知り合い関係を表すグラフを図17とします．各メンバーについて，そのメンバーが知っているメンバーの数はそのメンバーが対応する点の次数です．このグラフからわかるように，どの2点 v_i, v_j の次数 $d(v_i)$, $d(v_j)$ の和はグラフの点の数以上です．すなわち

$$d(v_i)+d(v_j)\geq 8, \quad i,j=1,2,\cdots,8, (i\neq j)$$

§3. 頂点巡りの可能性　99

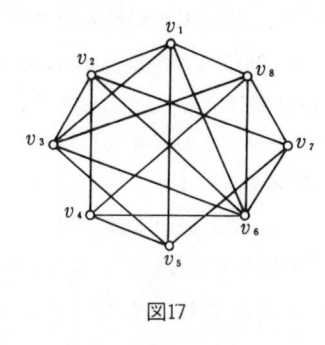

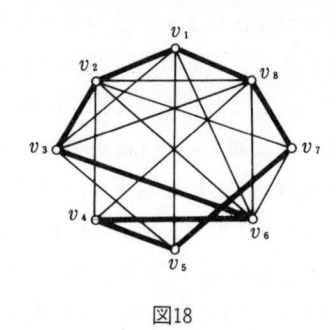

図17　　　　　　　　図18

となり，パズルの条件が満たされていることがわかります．

　さて，連絡網ですが，v_1 が v_2 に伝達し，v_2 が v_3 に，v_3 が v_6 に，v_6 が v_4 に，v_4 が v_5 に，v_5 が v_7 に，v_7 が v_8 に，そして最後に v_8 が v_1 に情報を返すという伝達方式により，すべての人に順序よく情報が伝達できます．ところが，この連絡網は図17のグラフについていえば，閉路：$v_1v_2v_3v_6v_4v_5v_7v_8v_1$ になっていて，これはこのグラフのハミルトン閉路であることがわかります（図18）．したがって，パズル3は次の問題に置き換えることができます．

　問題1　$n(\geqq 3)$ 個の点をもつグラフ G において，異なる任意の2点 x, y に対し，不等式
$$d(x)+d(y)\geqq n$$
が成り立つならば，G はハミルトン閉路をもつことを証明して下さい．

　この問題は1960年オーレという人によって与えられた次の定理により解決されます．

　ハミルトン閉路定理1　$n(\geqq 3)$ 個の点をもつグラフ G に対して，互いに隣接していない異なったどの2点 x, y について
$$d(x)+d(y)\geqq n$$
ならば，G はハミルトン閉路をもつ．

　この定理は次のようにして証明されます．まず，定理が正しくないと仮定します．このとき，定理の条件を満たし，しかもハミルトン閉路をもたない

グラフが存在します．このようなグラフのうちで辺の本数が最大なグラフをGとします．$n(\geq 3)$点完全グラフはハミルトン閉路をもつことから，Gは完全グラフではありません．Gの異なる2つの非隣接点をx, yとします．このとき，Gに新しい辺$\{x, y\}$を加えてできるグラフ（このグラフをグラフ論では$G+\{x, y\}$と記述します．）はハミルトン閉路をもちます．というのは，$G+\{x, y\}$がハミルトン閉路をもたないとすれば，Gの辺の本数に関する最大性に矛盾します．ところで，Gがハミルトン閉路をもたないということから，$G+\{x, y\}$のどのハミルトン閉路も辺$\{x, y\}$を含みます．したがって，Gにxから始まってyで終るハミルトン道$P : x=x_1 x_2 \cdots x_n=y$ ($x_1, x_2, \cdots, x_n$, ($n \geq 3$), はすべて異なる) が存在します．さて，もし$\{x_1, x_i\}$, ($2 \leq i \leq n-1$), がGの辺ならば，$\{x_{i-1}, x_n\}$はGの辺ではありません．それは，もし$\{x_{i-1}, x_n\}$がGの辺だとすると，点列$x_1 x_i x_{i+1} \cdots x_n x_{i-1} x_{i-2} \cdots x_2 x_1$は$G$のハミルトン閉路になるからです（図19）．$G$において，$x_1$に隣接した点を$x_{i_1}, x_{i_2}, \cdots, x_{i_k}$ ($i_1 < i_2 < \cdots < i_k, k=d(x_1)$) とすると，すぐ上で述べたことから，$x_n$は$x_{i_1-1}, x_{i_2-1}, \cdots, x_{i_k-1}$と隣接していないことがわかります．また，これらの点はすべて異なっています．したがって$d(x_n) \leq (n-2)-(k-1)$, すなわち$x=x_1$, $y=x_n$, $k=d(x_1)$より

$$d(x)+d(y) \leq n-1$$

となります．これはGにおいて，$d(x)+d(y) \geq n$という仮定に矛盾し，Gはハミルトン閉路をもつことがわかります．

ハミルトン閉路定理1から，次の結果が得られることは簡単にわかります．

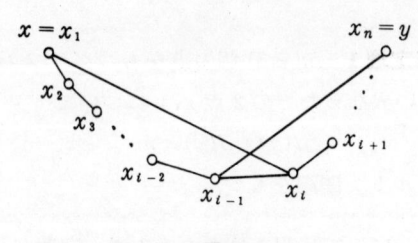

図19

> **ハミルトン閉路定理2**　$n(\geq 3)$ 個の点をもつグラフ G に対し，G の各点 v について $d(v) \geq \dfrac{n}{2}$ ならば，G はハミルトン閉路をもつ．

　図3，4のグラフをハミルトン閉路定理1，2から考えてみましょう．図4のグラフの各点の次数は点の個数の半分より大で，このグラフはハミルトン閉路をもつことがわかります．一方，図3のグラフはこれらの定理の条件を満たしていません．たとえば，$d(v_5)+d(v_9)=4<9$，$d(v_2)=4<\dfrac{9}{2}$ です．したがってこの定理からは，このグラフはハミルトン閉路をもつかどうかわかりません．しかし，図3のところで述べたように，図3のグラフはハミルトン閉路をもちます．このように，これらの定理はグラフがハミルトン閉路をもつかどうかの判定に完全なものとはいえないことがわかります．

第8章　一方通行の数理

　交通量の多いしかも道路幅の狭い町では，道の端々に"一方通行"とか"進入禁止"とかの道路標識がよく見られます．そのような町に車で初めて進入した場合，交差点や三叉路で道路標識をひとつひとつ確認することになり，同じ道を何度も通ったりして道路上で右往左往することになります．しかし，二度，三度と訪ずれるに従って，道路事情にも慣れていき，短時間でスムーズに目的地に行くことができるようになります．人によっては「これらの標識に従って，すべての道を丁度1回ずつ通って目的の場所に到達できるか」といったパズルさえも頭に浮かぶ余裕が出てくるかもしれません．ここではそのようなパズルに関連してのグラフ論を述べていきます．

§1．一方通行と一筆書き

　パズルの問題からはじめます．

　パズル1　ある町の道路網が図1のようだとします．各道路での車の進める方向があらかじめ決められているとします（図では矢印で示してあります）．そこで，入口 v_1 を出発して，各道路に示されている方向に丁度一度だけ通り，出口 v_{18} に到達することができるでしょうか．

　このパズルの解答はひとまず置くことにして，図2でみられる有向グラフ D を考えてみましょう．D において，各弧を向きの方向に一度だけ通りしかもすべての弧をなぞることができるでしょうか．まず，v_1 を出発して，弧

図1

図2

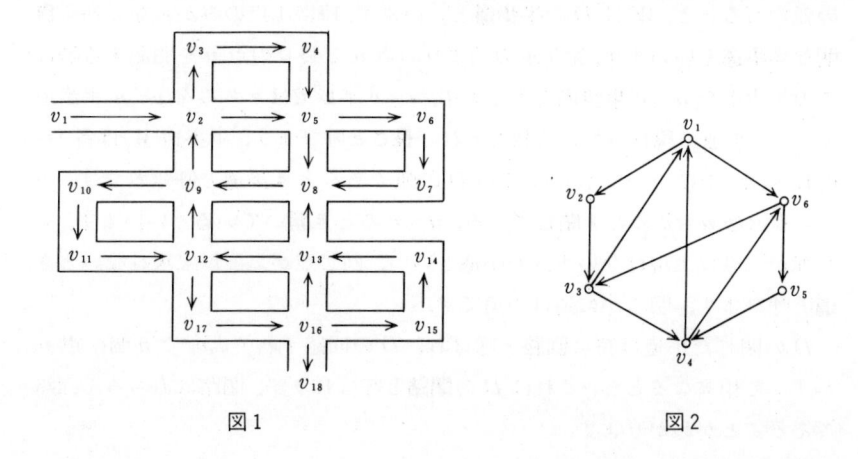

$(v_1, v_2), (v_2, v_3), (v_3, v_4), (v_4, v_6), (v_6, v_5), (v_5, v_4), (v_4, v_1), (v_1, v_6), (v_6, v_3), (v_3, v_1)$ を順次なぞり，出発点 v_1 に戻ることができます．このことから，この問題は無向グラフの一筆書き問題に似ていることがわかります．これについては第6章で扱いました．したがって，有向グラフの中で一筆書き問題を考えてみることにします．

§2. 基本的用語

第3章で有向グラフを定義しましたが，ここでは点 v に対して，(v, v) という形の弧を許すことにし，この弧を**輪**または**ループ**と呼ぶことにします．ループはその点の出次数にも入次数にも加算されます．たとえば，点集合 $V = \{a, b, c, d\}$ の上での順序対の集合 $A = \{(a, a), (a, b), (b, a), (a, d), (b, d), (c, c)\}$ に対し，(V, A) は有向グラフであって，それを図示すると，図3のようになります．点 a の出次数と入次数について，$d^+(a) = 3$, $d^-(a) = 2$ であり，点 c では $d^+(c) = d^-(c) = 1$ です．

D を有向グラフとし，u, v を D の（必ずしも異ならない）2点とします．u で始まり v で終る点の列 $W : u(=v_0)v_1v_2\cdots v_k(=v), (k \geq 1)$，について，各 $i = 0, 1, \cdots, k-1$ に対し (v_i, v_{i+1}) と (v_{i+1}, v_i) の少なくとも1つが D

の弧であるとき，W は D の**半歩道**といいます．特に1点のみからなる列を**自明な半歩道**といいます．半歩道の始まりの点 u と終りの点 v を明記する際はその半歩道を $\boldsymbol{u}-\boldsymbol{v}$ **半歩道**と書きます．$u-v$ 半歩道はもちろん $v-u$ 半歩道です．半歩道に現れる弧の個数をそれの**長さ**と呼びます．半歩道 W は各 $i=0, 1, \cdots, k-1$ について (v_i, v_{i+1}) が D の弧であるとき**歩道**と呼ばれます．$u-v$ 歩道は $u=v$ のとき**閉じている**，$u \neq v$ のとき**開いている**といいます．同じ弧が二度以上現れない歩道を**小道**といい，同じ点が二度以上現れないとき**道**と呼びます．明らかに道は小道です．

D の閉じた小道は特に**回路**と呼ばれ，D の回路 $v_1 v_2 \cdots v_n v_1$ で n 個の点 v_i がすべて相異なるとき，これは D の**閉路**と呼ばれます．閉路はもちろん回路であることがわかります．

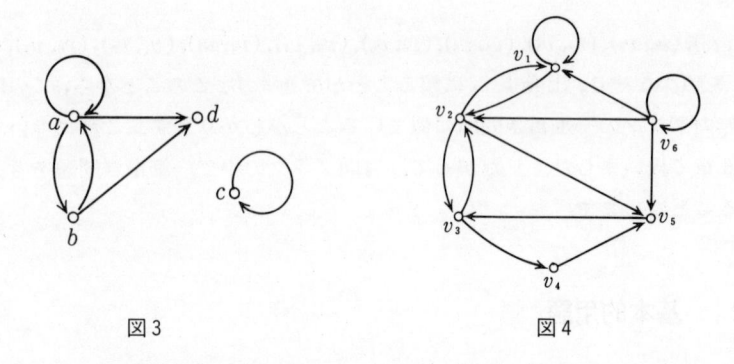

図3　　　　　　　　　図4

以上の事柄を図4に示された有向グラフ D で見てみましょう．点の列 $W_1: v_2 v_5 v_4 v_5 v_6 v_2 v_3$ は半歩道ですが，W_1 は v_5 から v_4 に進み，これは弧の向きとは反対方向なのでこの半歩道は歩道ではありません．一方，$W_2:$ $v_1 v_2 v_5 v_3 v_2 v_5$ は D の開いた歩道ですが，弧 (v_2, v_5) が重複して現れているので，小道ではなくもちろん道でもありません．$W_3: v_1 v_1 v_2 v_3 v_2$ は小道の例です．この小道を延長させて得られる歩道 $W_4: v_1 v_1 v_2 v_3 v_2 v_1$ は回路の例となります．しかし W_4 は v_1 および v_2 が重複しているので閉路ではありません．閉路の例として，$W_5: v_2 v_5 v_3 v_2$ があげられます．ループ (v_1, v_1) は一つの閉路 $W_6: v_1 v_1$ を形成しています．

§2. 基本的用語

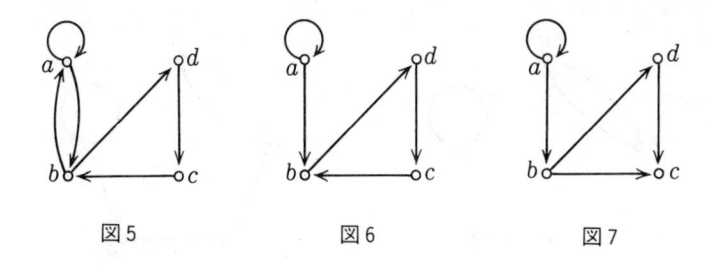

図5　　　　　図6　　　　　図7

　有向グラフに含まれるあらゆる回路や小道の中で，特にすべての弧を含む回路を**オイラー回路**といい，すべての弧を含む開いた小道を**オイラー小道**といいます．有向グラフ D がオイラー回路かオイラー小道のいずれかをもつならば，D は**一筆書き可能**と呼びます．図5の有向グラフはオイラー回路：$abdcbaa$ をもち，図6のグラフはオイラー回路をもちません．しかし，オイラー小道：$aabdcb$ をもっています．したがって，図5，6は共に一筆書き可能なグラフです．図7は一筆書き可能でない有向グラフの例です．

　以上の事柄は無向グラフのそれと類似したものですが，有向グラフの連結性という概念は無向グラフの場合と違っていくつかの種類があります．有向グラフ D において，$u-v$ 半歩道が存在するとき点 u は点 v に**連結している**といわれ，有向グラフ D のどの二つの点も連結しているとき D は**連結**(あるいは**弱連結**)であるといわれます．つまり，D が連結であるということは，D の各弧から向きを除いて得られる無向グラフ（これを D の**底グラフ**と呼ぶ）が連結であることを意味しています．有向グラフ D のどの2点 u, v についても，u から v に至る $u-v$ 歩道あるいは v から u に至る $v-u$ 歩道のいずれかが存在するならば，D は**片方向連結**であると呼ばれます．明らかに片方向連結な有向グラフは連結です．有向グラフ D のどの2点 u, v に対しても，$u-v$ 歩道および $v-u$ 歩道が共に存在するとき，D は**強連結**であるといわれます．強連結な有向グラフはもちろん片方向連結です．特別な場合として，弧のない1点のみからなるグラフは強連結であるとします．

　図8は連結でないグラフです．図9に示したグラフ D_2 は連結ですが，点 e から点 c に至る歩道も，逆に，点 c から点 e に至る歩道もありませんので，D_2 は片方向連結ではありません．グラフ D_3 (図10)はすべての点を含む道：

有向グラフ D_1
図8

有向グラフ D_2
図9

有向グラフ D_3
図10

有向グラフ D_4
図11

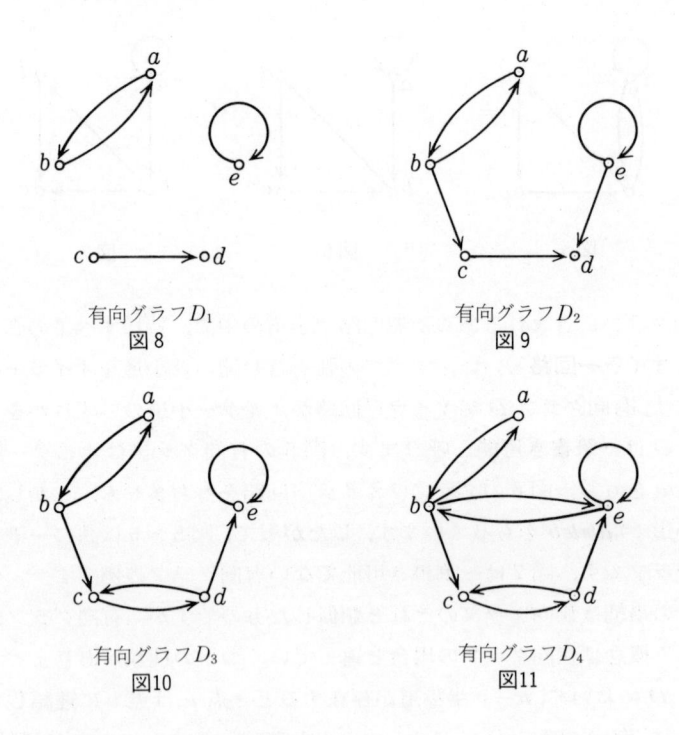

$abcde$ をもつので，D_3 は片方向連結です．しかし，D_3 は点 e から点 c に至る歩道をもたないので，D_3 は強連結ではありません．最後に，グラフ D_4（図11）は強連結な有向グラフの例です．以上四つの有向グラフ D_1, D_2, D_3, D_4 について，連結性が段々と強くなっていることがわかります．一筆書き可能性についていいますと，連結でない有向グラフはもちろん一筆書き可能ではありませんが，有向グラフが連結性の最も強い強連結であっても，図11でみられるように，一筆書き可能とは限りません．

§3. 2進数字の円形配列

0と1を円形に重複を許して配列した円形配列 T を考えます．T の中の0と1の個数を T の長さといい $l(T)$ と書くことにします．そのとき，その円

§3. 2進数字の円形配列　107

形の円周にそって，連続した2個の数字の列を一つずつ数字をずらしながら順次 $l(T)$ 個取り出して，それらがすべて異なりしかも2桁の2進数字がすべて（すなわち，00, 01, 10, 11）現れるようにしたいとします．T をどのように構成すればよいでしょうか．たとえば，図12のように0と1を円周上に配列したとします．このとき，この配列の長さは4で，反時計回りに連続した2個の数字の列を4個順次取り出すと，01, 10, 01, 10 が得られます（図13）．これらの2進数字の中には01と10が二度ずつ現れ，00, 11 が現れていません．時計回りに考えても同じ事がいえ，この円形配列は望ましい配列ではありません．円形配列を図14のようにすると，その長さは6で，同様にして 00, 01, 11, 10, 01, 10 が得られます．この場合，2桁の2進数字はすべて現れていますが 01, 10 が重複して現れているので，この円形配列も望ましいものとはいえません．求める円形配列としては図15が考えられます．この配列からは 00, 01, 11, 10 が得られ，2桁の2進数字がすべて重複なしに現れているこ

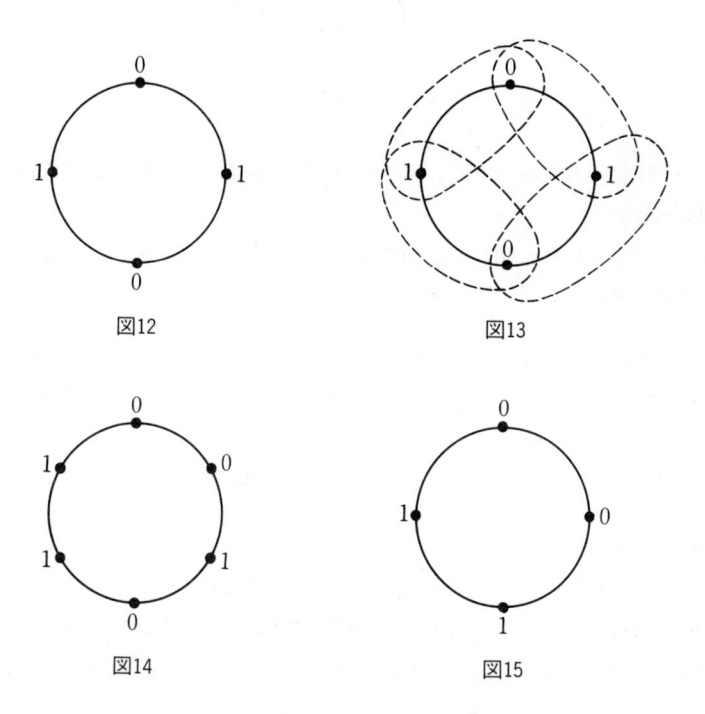

図12

図13

図14

図15

第8章 一方通行の数理

とがわかります．

> **パズル2** 0と1の円形配列を T とします．上と同様にして，連続した3個の数字の列を $l(T)$ 個順次取り出したとき，それらがすべて異なりしかも3桁の2進数字がすべて現れるようにするにはどのような配列 T を考えればよいでしょうか．

このパズルの解答は数回の試行錯誤により，図16のようになるでしょう．

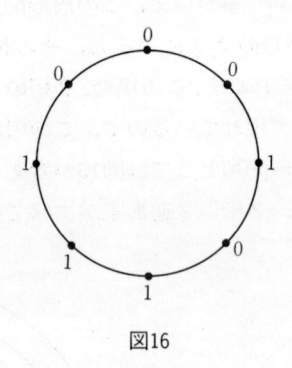

図16

この円形配列の長さは8で，反時計回りに連続した3個の数字の列を8個順次取り出すと，

(1) $000, 001, 011, 111, 110, 101, 010, 100$ となり，$2^3 = 8$ 個の2進数字が丁度1回ずつ現れていることがわかります．

> **パズル3** 0と1の円形配列を T とします．同様にして，連続した n 個の数字の列を $l(T)$ 個順次取り出したとき，それらがすべて異なりしかも 2^n 個の n 桁の2進数字がすべて現れるようにするにはどのような配列 T を考えればよいでしょうか．その構成法を含めて考えて下さい．

$n=3$ の場合，つまりパズル2の解答として与えた図16の構成法を考えてみましょう．4個の点をもつ有向グラフ D_3 をまず次のように作ります．4個の点のそれぞれに印として2桁の2進数 $00, 01, 10, 11$ を付けます．2進数 $a_1 a_2$ を印にもつ点をここでは点 $a_1 a_2$ と呼ぶことにします．点 $a_1 a_2$ を点 $a_2 0$ と点

§3. 2進数字の円形配列 109

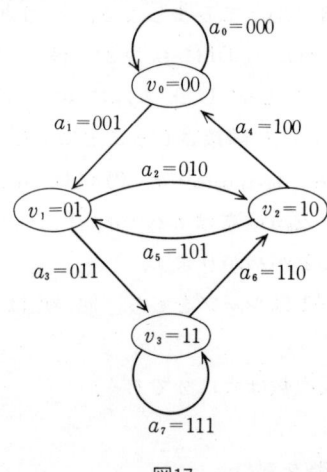

図17

$a_2 1$ に隣接させ,そのようにして得られた弧 $(a_1 a_2, a_2 0)$ に $a_1 a_2 0$ という印を付け,弧 $(a_1 a_2, a_2 1)$ に $a_1 a_2 1$ という印を付けます.こうして得られた有向グラフ D_3 を図示すると,図17のようになります. D_3 はオイラー回路 W : $v_0 v_0 v_1 v_3 v_3 v_2 v_1 v_2 v_0$ をもちます. W を弧の列として表現すると, W : $a_0 a_1 a_3 a_7 a_6 a_5 a_2 a_4$ となり,この列は (1) と一致しています.また, W を表す弧の列について,連続した二つの弧たとえば a_1 と a_3 をみると,2進数字 a_1 の下2桁と2進数字 a_3 の上2桁が一致していることがわかり,このことは連続したどの二つの弧についてもいえます.ここで a_4 と a_0 は W の中で連続した弧であることに注意して下さい.したがって, W 上の各 (3桁の) 2進数字の上1桁を順番に取り出し,これらを円形に配列すると図16が得られます (図18).

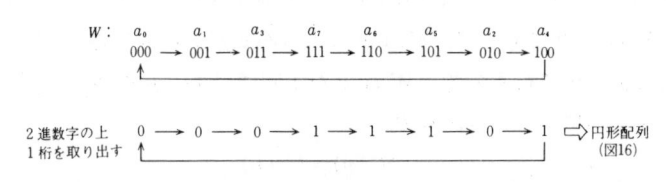

図18

ここでパズル3の解答に迫ってみましょう．$n-1$桁の2進数 $a_1a_2\cdots a_{n-1}$，$(a_i=0,1; i=1,2,\cdots,n-1)$，を印にもつ 2^{n-1} 個の点（ここでは2進数 $a_1a_2\cdots a_{n-1}$ を点と呼ぶことにします）に対して，点 $a_1a_2\cdots a_{n-1}$ を点 $a_2a_3\cdots a_{n-1}0$ と点 $a_2a_3\cdots a_{n-1}1$ に隣接させることによって得られる有向グラフ D_n を考えます．弧 $(a_1a_2\cdots a_{n-1}, a_2a_3\cdots a_{n-1}0)$ には $a_1a_2\cdots a_{n-1}0$ という印を付け，弧 $(a_1a_2\cdots a_{n-1}, a_2a_3\cdots a_{n-1}1)$ には $a_1a_2\cdots a_{n-1}1$ という印を付けます．D_n は次の性質をもっていることがわかります．

(2) 点 $00\cdots0$ と点 $11\cdots1$ はループをもち，他の点はすべてループをもたない．

(3) 各点の出次数と入次数は共に2である．

そこで，もし次の命題

(A)：D_n はオイラー回路をもつ．

が成り立つならば，$n=3$ の場合にみたように，D_n のオイラー回路 W を弧の列で表し，弧に対応する n 桁の2進数字の上1桁を取り出し，それらを W の弧の順に配列することにより（最後の数字は最初の数字に続くものとする），求める円形配列が得られます．結局，残った問題は命題(A)を証明することです．しかし，ここでは一般的な議論から始めることにします．

§4. 有向グラフの一筆書き可能性

D が一筆書き可能な有向グラフとします．そのとき，D はオイラー回路かオイラー小道のいずれかをもち，それを W とします．v を D の任意の点とします．W をたどって行き，v から出ている弧の中で W によりたどられた弧の本数 $N^+(v)$ と，v に入っている弧の中で W によりたどられた弧の本数 $N^-(v)$ を数えていきます．v が出発点でも最終点でもないときは，最初 $N^+(v)=N^-(v)=0$ であって，W は v に入るある弧から v に進入し v から出ているある弧へ出て行くので，W は v を1回通過する度に $N^+(v)$ と $N^-(v)$ は同時に1ずつ増えていき，その上

(4) $$N^+(v)=N^-(v)$$

が成り立ちます．最終的に，W は v から出ているすべての弧をたどるので

§4. 有向グラフの一筆書き可能性　111

$N^+(v)$ は v の出次数 $d^+(v)$ に一致し，v に入っているすべての弧をたどるので $N^-(v)$ は v の入次数に一致します．(4)により $d^+(v)=d^-(v)$ であることがわかります．v が W の出発点ならば，W は v から出ているある弧を最初に出て行くので，初期値は $N^+(v)=1$，$N^-(v)=0$ です．その後は先程と同じように考えて，$N^+(v)$, $N^-(v)$ は同時に1ずつ増加しこれらは最終的に次のようになります．W がオイラー回路ならば，W は最後に点 v に戻り，このときは，$N^+(v)$ には1が加算されず，$N^-(v)$ には1が加算されて $N^+(v)=N^-(v)$ となり，$N^+(v)$ は $d^+(v)$ に一致し，$N^-(v)$ は $d^-(v)$ に一致して，結局 $d^+(v)=d^-(v)$ という結果が得られます．W がオイラー小道ならば，W は v と異なる点で終ります．そのときには，$N^+(v)=N^-(v)+1$ が成り立ち，その上 $N^+(v)=d^+(v)$, $N^-(v)=d^-(v)$ より，$d^+(v)=d^-(v)+1$ となることがわかります．u がオイラー小道の最終点であるならば，同様にして $d^+(u)=d^-(u)-1$ となることがわかります．

　以上のことを図19, 20を例にして，$N^+(v)$ と $N^-(v)$ の変化をみてみましょう．図19の有向グラフはオイラー回路 $C: abcadbaefa$ をもちます．点 a を出発して弧 (a,b) をたどり，$N^+(a)=1$, $N^-(a)=0$ となり，C が次の点 b, c とたどり弧 (c,a) を通じて a に進み $N^-(a)=1$ となり，弧 (a,d) を通じて d に至るので $N^+(a)=2$ となります．最後に，点 f から弧 (f,a) を経由して a に戻るとき $N^-(a)=3$ となり，$N^+(a)$ は3のままで変化しません．この時点で，$N^+(a)$ は $d^+(a)$ に一致し，$N^-(a)$ は $d^-(a)$ に一致しています．また，たとえば $N^+(b)$ と $N^-(b)$ については，C が a から b に達し c に進むときに $N^+(b)$

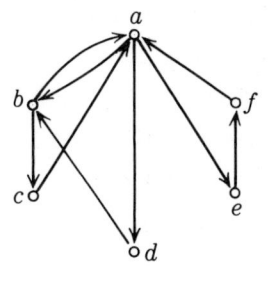

図19 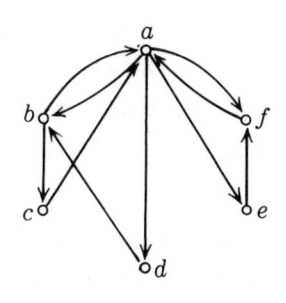　　　　　　　　　　　図20

112 第8章 一方通行の数理

$=N^-(b)=1$ となり，もう一度 b を通るときに $N^+(b)=N^-(b)=2$ となることがわかり，この時点で，$N^+(b)$ が $d^+(b)$ に，$N^-(b)$ が $d^-(b)$ に一致することが観察されます．

図20は図19の有向グラフに弧 (a,f) を付加したもので，この有向グラフはオイラー小道 $W: abcadbaefaf$ をもち，これは上記のオイラー回路 C を弧 (a,f) を通じて f まで延長したものです．この場合，点 a に関し最終的には $N^+(a)=4$, $N^-(a)=3$ となり，$N^+(a)$ は $d^+(a)$ と一致し，$N^-(a)$ は $d^-(a)$ と一致します．点 f については，最終的に $N^+(f)=1$, $N^-(f)=2$ となり，$N^+(f)$ は $d^+(f)$ と一致し，$N^-(f)$ は $d^-(f)$ と一致します．

以上述べたことから，次の命題が得られます．

(B)：D を1本以上の弧をもつ連結な有向グラフとする．このとき，D がオイラー回路をもつならば，D の各点 v について $d^+(v)=d^-(v)$ である．

(C)：D を1本以上の弧をもつ連結な有向グラフとする．このとき，D がオイラー小道をもつならば，$d^+(u)=d^-(u)+1$ かつ $d^+(v)=d^-(v)-1$ となる点 u と v が D にあり，他のすべての点 w については $d^+(w)=d^-(w)$ である．

図11で与えた強連結な有向グラフ D_4 について，出次数と入次数が等しくない点が4個あり，命題(B)，(C)により D_4 はオイラー回路もオイラー小道ももたない，つまり一筆書き可能でないことがわかります．

さて，命題(B)，(C)の逆を証明してみましょう．まず最初に，(B)の逆が成り立つとして，(C)の逆を示します．1本以上の弧をもつ連結な有向グラフ D の2点 u, v について $d^+(u)=d^-(u)+1$, $d^+(v)=d^-(v)-1$ であり，他のすべての点 w について $d^+(w)=d^-(w)$ が成り立つと仮定します．D に新しい点 x と新しい弧 (v,x), (x,u) を付け加えて，有向グラフ F を作ります．このとき，F は連結であり，F のどの点も出次数と入次数が等しいことがわかり，したがって，(B)の逆が成り立つという仮定から，F はオイラー回路 C をもちます．よって，C から点 x と弧 (v,x), (x,u) を除くと，D のオイラー小道が得られ，(C)の逆が証明されました．

そこで，(B)の逆が成り立つことを示します．D は1本以上の弧をもつ連結

な有向グラフで，D のどの点 v についても $d^+(v)=d^-(v)$ であるとします．証明は弧の本数 q に関する数学的帰納法でします．$q=1$ のときは（この場合，D は一つのループからなる）明らかなので，2以上の整数 q に対して，$q-1$ 本以下の弧をもち，さらに各点について出次数と入次数が等しい連結な有向グラフはオイラー回路をもつと仮定します．D を q 本の弧をもつ連結な有向グラフで各点の出次数と入次数は等しいとします．D のある点 u に対し $d^+(u)>0$ より，D に $u-v$ 小道 W' があります．$u \neq v$ ならば，$d^+(v)=d^-(v)$ より v から出ている D の弧で W' 上にない弧が必ず存在し，したがって，W' はより多くの弧をもつ小道 W'' に拡張できます．このような拡張の手続きをつづけていくことにより，結局 $u-u$ 回路 W を得ることができます．W が D のすべての弧を含むときは，W が D のオイラー回路です．そうでないとき，D には W に属さない弧があります．D から W のすべての弧を除き，さらに孤立点（次数が0の点）が残るならばそれも除いて，有向グラフ F を得ます．W 上のどの点についても，W の中では出次数と入次数は等しいので，F のどの点についても出次数と入次数は等しくなることに注意して下さい．F のどの**弱成分** H（F の連結な部分有向グラフ H が F の弱成分と呼ばれるのは，H を部分有向グラフとするような F の連結な部分グラフが H 自身しか存在しないときです）も1本以上 $q-1$ 本以下の弧をもつことから，帰納法の仮定により，H はオイラー回路をもちます．D の連結性より，H は W に属するある点を含んでいます．そこで，H のオイラー回路を，H に属する W の点のところに差し込みます．F の各弱成分についてこの手続きを行うことにより，D のオイラー回路が得られます．

このことを図21を例にして考えてみましょう．図21の有向グラフ D は各点で出次数と入次数が等しくなっています．上の証明の中で述べたように，まず $b-b$ 回路 $W:bcdb$ を取ります（図22）．W は D の弧すべてを含んでいないので D のオイラー回路ではありません．そこで，D から W に含まれる弧をすべて取り除きます．このとき，c は孤立点になるので，これも一緒に除くと，弱成分 H_1 と弱成分 H_2 をもつ有向グラフ F が得られます（図23）．H_1 と H_2 共に各点の出次数と入次数が等しいことがわかり，H_1 はオイラー回路 $W_1:bhaab$ をもち，H_2 はオイラー回路 $W_2:dedffgd$ をもちます．そこで，

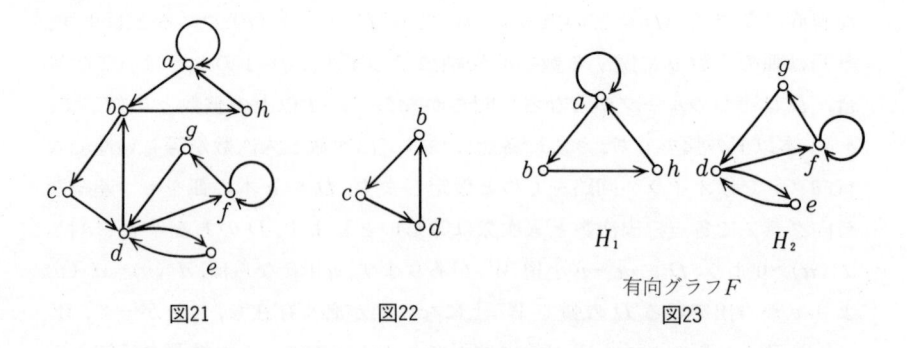

図21　　　　　　図22　　　　　　　　　図23
有向グラフF

回路 W_1 を H_1 と W の共通な点 b に差し込み，回路 W_2 を H_2 と W の共通な点 d に差し込むことにより，D のオイラー回路：*bhaabcdedffgdb* が得られます．

以上のことをまとめると，次のようになります．

> **有向グラフのオイラー回路定理**　D を 1 本以上の弧をもつ連結な有向グラフとする．このとき，D がオイラー回路をもつための必要十分条件は D の各点 v に対し，$d^+(v)=d^-(v)$ であることである．

> **有向グラフのオイラー小道定理**　D を 1 本以上の弧をもつ連結な有向グラフとする．このとき，D がオイラー小道をもつための必要十分条件は，$d^+(u)=d^-(u)+1$，$d^+(v)=d^-(v)-1$ となる点 u と v が D にあり，他のすべての点 w について $d^+(w)=d^-(w)$ であることである．そして，その小道は u から始まり v で終る．

ここでパズル 3 に関連しての命題(A)について考えてみましょう．(3)は D_n の各点の出次数と入次数が等しいことを意味しています．このことを「有向グラフのオイラー回路定理」に適用すると，命題(A)が正しいことがわかります．これでパズル 3 が解答されたことになります．

最後にパズル 1 の解答をします．図1において入口 v_1，出口 v_{18}，曲り角および交差点を点として表すと，図1は図24に示した有向グラフで表現されます．この有向グラフは出次数と入次数が等しくない点を 4 個（v_1, v_8, v_{16}, v_{18}）

もっています．したがって「有向グラフのオイラー回路定理並びにオイラー小道定理」により，図24のグラフは一筆書き不可能であることがわかります．図1において，入口 v_1 を出発して，各道路に示されている方向に丁度一度だけ通って，出口 v_{18} に行くことは不可能ということです．

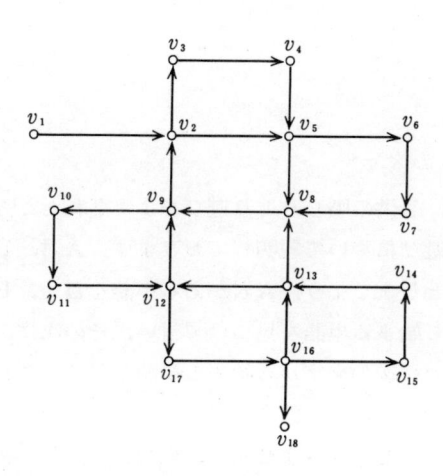

図24

第9章 しりとり遊びの数理

　読者の皆さんは，子供の頃しりとり遊びをよくされたことと思います．念のため，しりとり遊びについて説明しておきます．A君，B子さん二人がしりとり遊びをするとしましょう．A君がある単語を言い，B子さんがその単語の最後の文字から始まる単語を見つけて言い，その次に，またA君がB子さんの言った単語の最後の文字から始まる単語を言う，これを順次可能な限り続けていく単純であるけれど面白いゲームです．このゲームで一度現れた単語を二度以上言うことはできませんし，最後に"ン"で終る単語も言うことはできません．今，A君がリンゴと言うと，B子さんはリンゴの最後の文字が"ゴ"ですから，ゴで始まる単語を見つけてきて，たとえば，ゴリラと言うと，A君はラッパと言い，又B子さんはパイナップルと言って，ゲームを続けていきます．

　ここでは，あらかじめ単語が用意されていて，その中でしりとり遊びをするとします．この場合，ゲームの運び具合は有向グラフを用いて説明することができます．以下でそれを見ていくことにしましょう．

§1. しりとり遊びと頂点巡り

　異なる n 個の単語 $a_1, a_2, \cdots, a_n$ からなる集合 V の中でしりとり遊びをするとします．V の各要素を点で表し，二つの異なる単語 a_i, a_j について，a_i の最後の文字と a_j の最初の文字が一致するときかつそのときに限り a_i に対応する点を a_j に対応する点に隣接させることによって，有向グラフを作りま

§1. しりとり遊びと頂点巡り　117

す．この有向グラフを**しりとりグラフ**と呼ぶことにします．しりとり遊びで現れる単語の列はこのしりとりグラフの道あるいは閉路に対応しています．

例えば，$V=\{$ウミバト，トラ，コアラ，ダチョウ，ラッコ，ラクダ，ウンピョウ（豹の仲間）$\}$として，A君とB子さんがしりとり遊びをするとします．ウミバトの最後の文字とトラの最初の文字が同じ"ト"なので，ウミバトを表す点はトラを表す点へ隣接します．ラッコとコアラについては対応する2点間に対称弧をとります．このようにして得られるしりとりグラフを図示すると，図1のようになります．ウンピョウは初めと終りの文字が共に"ウ"で，点"ウンピョウ"から自分自身への弧，すなわちループが考えられますが，しりとりグラフの定義よりここで扱われる有向グラフはループをもちません．

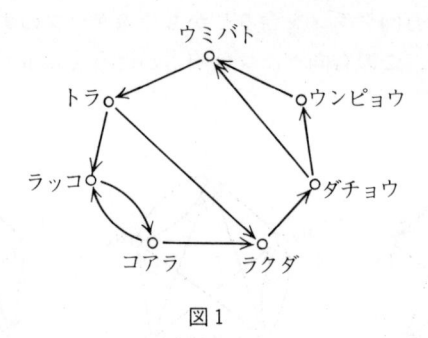

図1

さて，A君が最初にトラと言えば，B子さんは例えばラクダと言い，A君は次にダチョウ，B子さんがウミバトと言って，しりとり遊びはこれで終りになります．ウミバトの次はトラで，トラは一度現れているからです．このしりとり遊びに現れる単語の系列は図1のしりとりグラフに含まれる道
W_1：（トラ）（ラクダ）（ダチョウ）（ウミバト）であることがわかります．それでは，Vの中の各単語を丁度1回ずつ読み上げてもとの単語に戻るようなしりとり遊びを考えてみましょう．この場合の単語の列として

W_2：（ウミバト）（トラ）（ラッコ）（コアラ）（ラクダ）（ダチョウ）（ウンピョウ）（ウミバト）

が考えられます．W_2は図1のしりとりグラフのハミルトン閉路と呼ばれて

います.

一般に，有向グラフ D において，D がすべての点を含む閉路を部分有向グラフとしてもつならば，その閉路を D の**ハミルトン閉路**といいます．すなわち，ハミルトン閉路はある点から出発して与えられた弧の向きの方向に進み，各点を丁度1回ずつ通りもとの点に戻るような閉路のことです．また，D の**ハミルトン道**とは D のすべての点を含む道のこと，つまり，ある点から出発して与えられた弧の向きの方向に進み，各点を丁度1回ずつ通るような道のことです．D がハミルトン閉路をもつときは，D は**ハミルトン**であるといわれていますが，ここでは，D がハミルトン閉路あるいはハミルトン道をもつとき，D は**頂点巡り可能**であると呼ぶことにします．

図2に示した有向グラフはハミルトン閉路 $W_3 : v_1 v_5 v_3 v_4 v_2 v_1$ をもっています．図3は図2の有向グラフを含みしかもそのグラフのすべての点からなる有向グラフなので，この有向グラフは明らかにハミルトン閉路 W_3 をもちます．

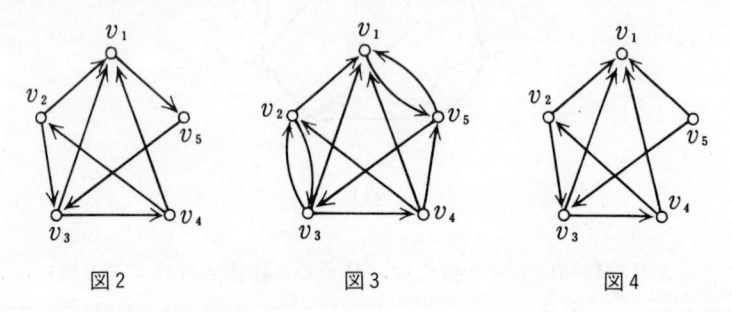

図2   図3   図4

$W : v_1 v_2 \cdots v_{n-1} v_n v_1$ を有向グラフ D のハミルトン閉路とすると，W を表す点列の最後の v_1 を除いた部分点列 $W' : v_1 v_2 \cdots v_{n-1} v_n$ は明らかに D のハミルトン道です．したがって，

(1) ハミルトン有向グラフはハミルトン道をもつ．

図4はこの事実の逆が一般には成り立たないことを示した例です．図4はハミルトン道 $W_4 : v_5 v_3 v_4 v_2 v_1$ をもちます．しかし，点 v_5 の次数が2ですが入次数が0なのでハミルトン閉路をもちません．

図2，3，4は今まで見てきたように，すべて頂点巡り可能な有向グラフ

です．頂点巡り可能でない例として図5が考えられます．それは，二つの点 v_2, v_4 共出ていく弧をもっていないことから理解されます．

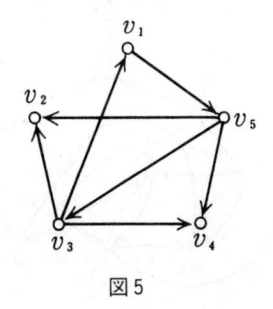

図5

§2. しりとり遊び

> **パズル1** 単語の集合
> $V = \{v_1 = $コイノボリ，$v_2 = $キンコ，$v_3 = $ミサキ，$v_4 = $カミ，$v_5 = $メダカ，$v_6 = $カメ，$v_7 = $カラス，$v_8 = $スイカ，$v_9 = $スズメ，$v_{10} = $リス，$v_{11} = $メガネ，$v_{12} = $ネズミ$\}$
> において，V の中の各単語を丁度1回ずつ，しかもすべての単語を読みあげて，最初の単語に戻るようなしりとり遊びはできないことがわかりました．そのわけを考えてみて下さい．

単語の集合 V を点集合にもつしりとりグラフ D は図6のようになります．パズルの解答としては，このグラフ D がハミルトン閉路をもたないことを示せば十分だということが前節からわかります．D がハミルトン閉路 H をもつとします．v_4 から出ている弧はただ一つなので，H は v_4 を経由した後必ず v_3 に進みます．また v_{12} の出次数は1より，H は v_{12} を通った後，再び v_3 に進みます．これは，H が各点を丁度1回ずつ通るということに矛盾します．したがって D はハミルトン閉路をもちません．

> **問題1** 図6に示したしりとりグラフのハミルトン道を見つけて下さい．

120　第9章　しりとり遊びの数理

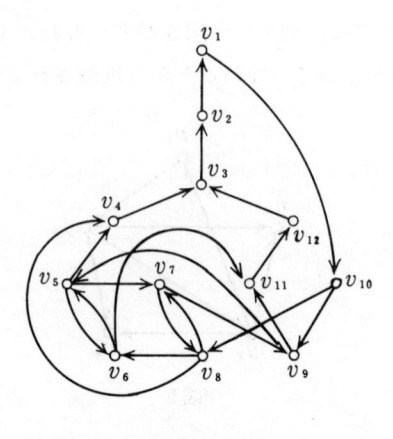

図6

点列 W：$v_4v_3v_2v_1v_{10}v_8v_6v_5v_7v_9v_{11}v_{12}$ が図6のハミルトン道です。

　前章で，0と1を円形に重複を許して配列し（その円形配列上の0と1の個数を l とします），連続した n 個の数字の列を l 個順次取り出したとき，それらがすべて異なりしかも 2^n 個の n 桁2進数字がすべて現れるようにするにはどのような円形配列が考えられるかという問題を考察しました。そして，この問題の解決に有向グラフのオイラー回路定理が有効であることを述べました。この問題の解決を別な方面から眺めてみましょう。つまり，しりとり遊びの問題として考えてみます。

　$n(\geqq 2)$ 桁の2進数 $\alpha_1\alpha_2\cdots\alpha_n$ の全体を V とすると，V の要素の個数は 2^n です。ここで V はしりとり遊びの単語の集合であると考えます。V の中の二つの異なった2進数 $a=\alpha_1\alpha_2\cdots\alpha_n$ と $b=\beta_1\beta_2\cdots\beta_n$ について，a の下 $(n-1)$ 桁 $\alpha_2\alpha_3\cdots\alpha_n$ と b の上 $(n-1)$ 桁 $\beta_1\beta_2\cdots\beta_{n-1}$ が一致するときかつそのときに限り a に対応する点を b に対応する点に隣接させることによって，V を点集合にもつ有向グラフ（しりとりグラフ）D_n を作ります。D_n がハミルトン閉路 W をもつならば，点に対応する n 桁の2進数字の上1桁を取り出し，それらを W 上の点の順に配列することにより（最後の数字は最初の数字に続くものとします），求める円形配列が得られます。

　例えば，$n=3$ の場合，$V=\{000,001,010,100,011,101,110,111\}$ となり，し

りとりグラフ D_3 は図7のようになります．D_3 はハミルトン閉路 W：$v_0v_1v_3v_7v_6v_5v_2v_4v_0$ をもち，これは V を単語の集合とみた場合，各単語を丁度1回ずつ読み上げるしりとり遊びになっていることがわかります．

　W 上の各（3桁）2進数字の上1桁を順番に取り出し（図8），これを円形に配列すると，図9に示すような求める円形配列が得られ，反時計回りに連続した3個の数字の列を8個順次取り出すと，V の各要素が丁度1回ずつ現れていることが観察されます．

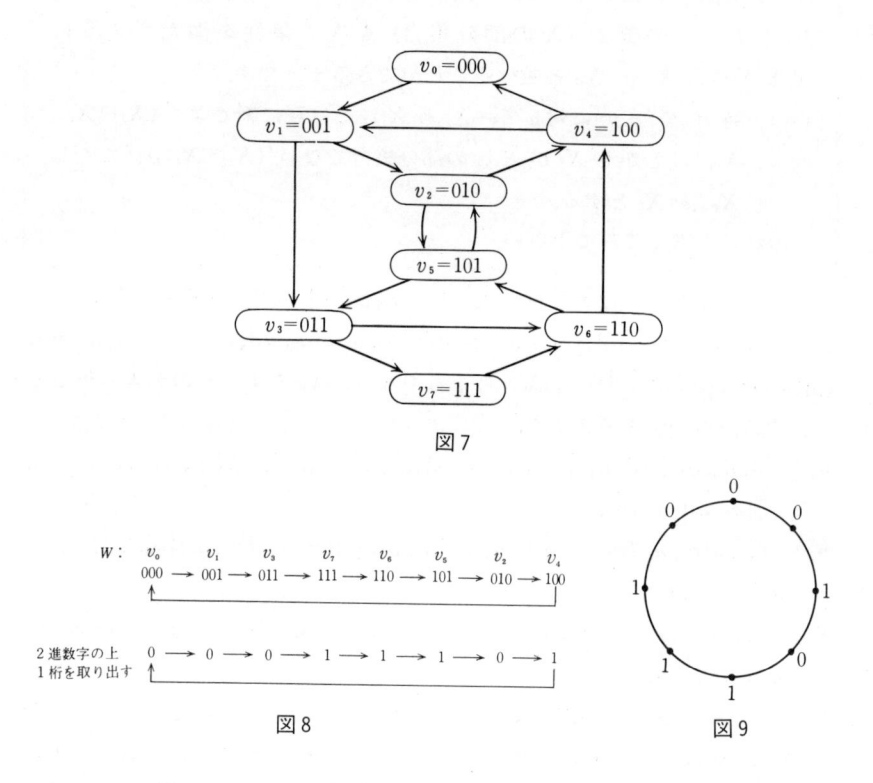

図7

図8

図9

　そこで，一般の n について望ましい円形配列を求めるのに，しりとりグラフ D_n がハミルトン閉路をもつかどうかが問題になりますが，この問題の解決に今までのところ，「簡単」な方法がありません．したがって，円形配列問題を有向グラフのハミルトン閉路問題に変換して考えることはオイラー回路

問題への変換に比べてあまり良い方法でないことがわかります。

§3. 頂点巡りの可能性

3.1. ハミルトン閉路

> パズル2 $a_1, a_2, \cdots, a_n, (n \geq 3)$, からなる集合 X に対して，2個以上 $(n-1)$ 個以下の要素をもつ部分集合の全体を V_n とします。そのとき，V_n のすべての要素（X の部分集合）を次の条件を満たすように $X_1 X_2 X_3 \cdots X_i X_{i+1} \cdots X_p$ と並べることができるそうです。
>
> (*) 各 $i(1 \leq i \leq p)$ に対して，X_i と X_{i+1} とは互いに素でなく（$X_i \cap X_{i+1} \neq \phi$），しかも X_i が X_{i+1} の部分集合でない（$X_i \not\subset X_{i+1}$）。ただし $X_{p+1} = X_1$ とする。
>
> そのわけを考えてみて下さい。

このパズルを $n=4$，すなわち $X = \{a_1, a_2, a_3, a_4\}$ の場合を考えてみます。このとき，$V_4 = \{\{a_1, a_2\}, \{a_1, a_3\}, \{a_1, a_4\}, \{a_2, a_3\}, \{a_2, a_4\}, \{a_3, a_4\}, \{a_1, a_2, a_3\}, \{a_1, a_2, a_4\}, \{a_1, a_3, a_4\}, \{a_2, a_3, a_4\}\}$ となります。V_4 のすべての要素の列として，次の三つの例を考えます。

S_1 : $\{a_1, a_2\}\{a_2, a_4\}\{a_1, a_2, a_3\}\{a_2, a_3\}\{a_1, a_4\}\{a_1, a_2, a_4\}\{a_2, a_3, a_4\}\{a_1, a_3, a_4\}\{a_3, a_4\}\{a_1, a_3\}$,

S_2 : $\{a_1, a_2\}\{a_1, a_3\}\{a_1, a_2, a_4\}\{a_1, a_4\}\{a_2, a_3, a_4\}\{a_2, a_3\}\{a_2, a_4\}\{a_3, a_4\}\{a_1, a_3, a_4\}\{a_1, a_2, a_3\}$,

S_3 : $\{a_1, a_2\}\{a_1, a_3\}\{a_1, a_2, a_4\}\{a_1, a_4\}\{a_2, a_3, a_4\}\{a_3, a_4\}\{a_2, a_4\}\{a_2, a_3\}\{a_1, a_3, a_4\}\{a_1, a_2, a_3\}$

S_1 における4番目の集合 $\{a_2, a_3\}$ はその直後の集合 $\{a_1, a_4\}$ と互いに素となるので，S_1 は条件（*）を満たしていません。S_2 について，8番目の集合 $\{a_3, a_4\}$ はその直後の集合 $\{a_1, a_3, a_4\}$ の部分集合となり，S_2 も条件（*）を満たしていません。最後の S_3 は条件（*）を満足させる列です。

条件（*）を満たす V_4 の要素列，例えば上の S_3 はどのようにして見つけることができるでしょうか。集合 V_4 を点集合にもつ有向グラフ D_4 を考えま

す．ここで V_4 の要素 X_i を点 X_i と呼ぶことにし，D_4 の異なった2点 X_i, X_j の隣接関係は次の通りとします．

(2) X_j が X_i の部分集合ならば，点 X_i を点 X_j に隣接させる．

(3) X_i と X_j が互いの部分集合でなく，かつ互いに素でないならば，点 X_i と点 X_j の間に対称弧を考える．

この有向グラフ D_4 を図示すると図10のようになります．例えば $X_1=\{a_1, a_2, a_3\}$, $X_2=\{a_1, a_2\}$, $X_3=\{a_1, a_3\}$, $X_4=\{a_3, a_4\}$ について，隣接関係を見てみましょう．X_2 は X_1 の部分集合なので，(2)により点 X_1 は点 X_2 に隣接します．X_2 は X_3 の部分集合でなく，又 X_3 は X_2 の部分集合でもない，しかし，a_1 を共通の要素としてもっているので(3)により点 X_2 は点 X_3 へ隣接し，また点 X_3 から隣接する，つまり，点 X_2 と点 X_3 の間に対称弧があることがわかります．X_2 と X_4 は互いに素となるので，点 X_2 と点 X_4 はどちらからも隣接して

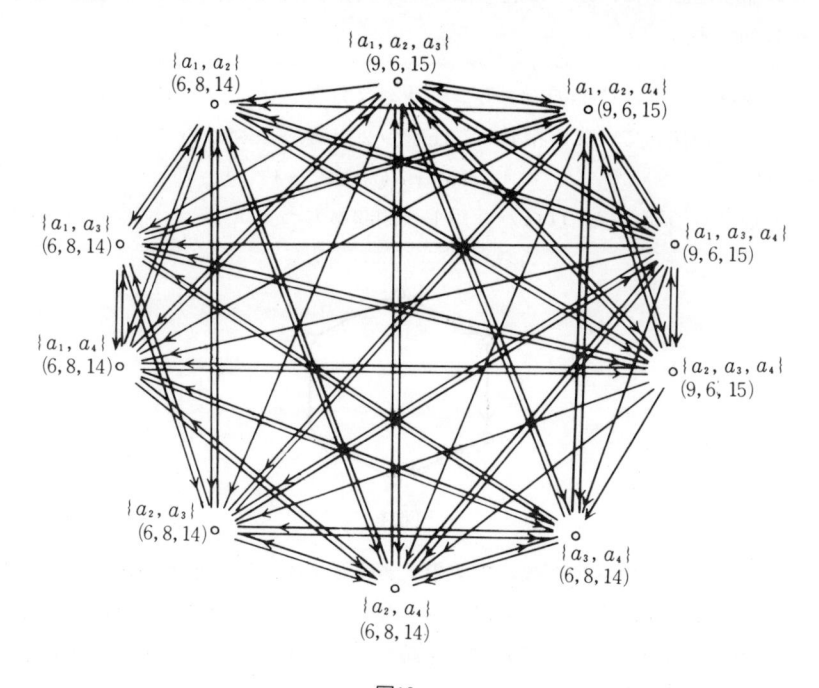

図10

いません．図10に示した有向グラフの各点のすぐそばの三つの数の組は，左から順にその点の出次数，入次数，次数を表しています．

さて，列 S_3 の要素を図10の有向グラフ D_4 の上で順にたどって見て下さい．S_3 が D_4 のハミルトン閉路になっていることが認められると思います．逆に，D_4 のあるハミルトン閉路を表す点の列に従って V_4 の要素を並べると，その要素の列は条件（＊）を満たしていることがわかります．

以上の事を踏まえて，パズル2の解答をします．集合 V_n を点集合にもち（V_n の要素を点と呼びます），2点間の隣接関係を(2),(3)にもつ有向グラフ D_n を作ります．D_n がハミルトン閉路 W をもつならば，W を表す点の列に従って V_n の要素を並べることにより条件（＊）を満たす列が得られます．残った問題は次の命題を証明することです．

（＊＊）　有向グラフ D_n はハミルトン閉路をもつ．

この命題の証明には以下に述べる三つの「**有向グラフのハミルトン閉路定理**」が有効です．

> **定理1**　$p(\geqq 2)$ 個の点をもつ強連結な有向グラフ D において，どちらからも隣接していない相異なる任意の2点 u と v について
> (4) $$d(u)+d(v) \geqq 2p-1$$
> が成り立つならば，D はハミルトン閉路をもつ．

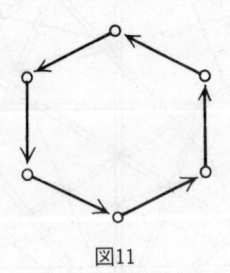

図11

この定理の証明は少々複雑ですので省略します．この定理の逆は必ずしも成り立ちません．例えば，図11に示した強連結有向グラフは明らかにハミルトン閉路をもちますが，不等式(4)を満たしていません．定理1から次の結果が得られます．

定理2 $p(\geqq 2)$ 個の点をもつ有向グラフ D において，任意の異なる2点 u と v に対して，u が v に隣接していないとき，
$$d^+(u)+d^-(v)\geqq p$$
が成り立つとする．このとき，D はハミルトン閉路をもつ．

この定理は次のように証明されます．まず，D が強連結であることを示します．それには，D の任意の異なる2点 u と v について，u から v に至る道が D にあることを示せば十分です．u が v に隣接しているときは明らかなので，u が v に隣接していないとします．P を u から隣接している点の集合，Q を v へ隣接している点の集合とします．すなわち，$P=\{w\in V(D)|(u,w)\in A(D)\}$，$Q=\{w\in V(D)|(w,v)\in A(D)\}$ とします．ここに，$V(D)$ は D の点集合，$A(D)$ は D の弧集合を表します．もちろん，$|P|=d^+(u)$，$|Q|=d^-(v)$ であって，$d^+(u)+d^-(v)\geqq p$ より $|P|+|Q|\geqq p$ となります．また，u が v に隣接していないことから，$|P\cup Q|\leqq p-2$ がいえます．したがって，$|P\cap Q|=|P|+|Q|-|P\cup Q|\geqq p-(p-2)=2$ となり，$P\cap Q$ が空集合でないことがわかります．$P\cap Q$ に属する点 w に対して，点の列：uwv は D の道で，u から v に至る道があることがわかります．

次に，定理1の不等式(4)が満たされることを示します．どちらからも隣接していない相異なる任意の2点 u と v に対して，仮定により $d^+(u)+d^-(v)\geqq p$ および $d^+(v)+d^-(u)\geqq p$ ですから，$d(u)=d^+(u)+d^-(v)$，$d(v)=d^+(v)+d^-(v)$ に注意して，不等式 $d(u)+d(v)\geqq 2p$ となることがわかります．したがって，定理1により D はハミルトン閉路をもちます．

定理1，2から次の結果が導かれます．

定理3 D を $p(\geqq 2)$ 個の点をもつ有向グラフとする．このとき，次のいずれかの条件が満たされるならば，D はハミルトン閉路をもつ．
 (i) D は強連結であって，D の任意の点 v について $d(v)\geqq p$ である．
 (ii) D の任意の点 v について，$d^+(v)\geqq p/2$ かつ $d^-(v)\geqq p/2$ である．

図10の有向グラフ D_4 はハミルトン閉路をもっていますが，これは D_4 の出次数，入次数について明らかに定理3の条件を満たしています．そこで，定

理3を用いて命題(**)を証明しましょう。$k(2≦k≦n-1)$個の要素をもつXの部分集合を$X_k=\{a_1,a_2,\cdots,a_k\}(\in V_n)$とします。$X_k$の$D_n$における出次数，入次数を計算します。$X$から$X_k$の要素を除いた集合を$Y_k(=X-X_k)$とします。点$X_k$と対称弧をもつ$D_n$の点は$X_k$から$i(1≦i≦k-1)$個の要素を取り出し，$Y_k$から$j(1≦j≦n-k)$個の要素を取り出して得られる集合($V_n$の要素)に対応することから，結局，点$X_k$と対称弧をもつ点の個数$s(X_k)$は

$$s(X_k)=\left(\sum_{i=1}^{k-1}{}_kC_i\right)\left(\sum_{j=1}^{n-k}{}_{n-k}C_j\right)=(2^k-2)(2^{n-k}-1)$$

となります。ここに，${}_kC_i$は2項係数を表し，公式${}_kC_0+{}_kC_1+\cdots+{}_kC_k=2^k$を用いています。$X_k$の真部分集合で$V_n$に属するものは$k=2$のときは0，$k≧3$のときは${}_kC_2+{}_kC_3+\cdots+{}_kC_{k-1}=2^k-k-2$個あることから，(この式の右辺は$k=2$のときに0に等しいことに注意して) 点$X_k$の出次数$d^+(X_k)$は

$$d^+(X_k)=s(X_k)+2^k-k-2=2^n-2^{n-k+1}-k$$

となります。点X_kの入次数$d^-(X_k)$については，X_kと異なり，X_kを含む集合でV_nに属するものは${}_{n-k}C_1+{}_{n-k}C_2+\cdots+{}_{n-k}C_{n-k-1}=2^{n-k}-2$個あり，結局

$$d^-(X_k)=s(X_k)+2^{n-k}-2=2^n-2^{n-k}-2^k$$

となります。このことは，k個の要素をもつAの部分集合の各々はD_nにおいて，同じ出次数，同じ入次数をもつことを意味しています。次に，D_nの点の個数$p=|V_n|={}_nC_2+{}_nC_3+\cdots+{}_nC_{n-1}=2^n-n-2$に対して，$d^+(X_k)$と$d^-(X_k)$の各々について$p/2$との大きさの比較を行います。$n≧3$かつ$2≦k≦n-1$から，

$$d^+(X_k)-\frac{p}{2}=(2^{n-k+1}-1)(2^{k-2}-1)+2^{k-2}-k+\frac{n}{2}>0,$$

$$d^-(X_k)-\frac{p}{2}=(2^{n-k}-1)(2^{k-1}-1)-2^{k-1}+1+\frac{n}{2}-1>0$$

となります。したがって，定理3の(ii)により，D_nはハミルトン閉路をもつことがわかり，命題(**)が証明されパズル2の解答を終えます。

3.2. ハミルトン道

> **パズル3** n 人の患者 $a_1, a_2, \cdots, a_n$ が検査され，その検査結果に基づいて医者の診察を受けるものとします．今，検査をする器械は1台だけ，医者も1人だけとします．各患者の検査時間，診察時間はカルテから事前に見積られ，s_i と c_i をそれぞれ患者 a_i の検査時間，診察時間とします．もし，任意の異った2人の患者 a_i と a_j に対して，$c_i \geqq s_j$ または $c_j \geqq s_i$ のいずれか一方が成り立つことがわかっていれば，最初ある1人の患者を検査した後，医者が待たされることがないように患者の検査の順序を決めることができるということです．そのわけを考えて下さい．

このパズルの解答はひとまずおいて，簡単な場合を考えます．患者数を5人とし，$s_1 = 10$ 分，$c_1 = 20$ 分，$s_2 = 13$ 分，$c_2 = 15$ 分，$s_3 = 15$ 分，$c_3 = 7$ 分，$s_4 = 20$ 分，$c_4 = 25$ 分，$s_5 = 15$ 分，$c_5 = 20$ 分とします．5人の患者の検査を

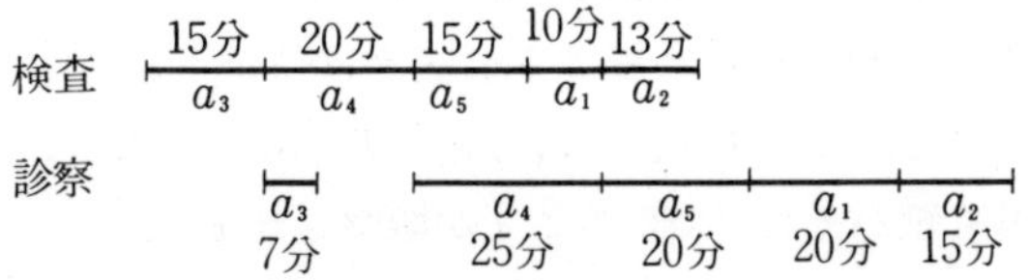

図12

$a_3 \to a_4 \to a_5 \to a_1 \to a_2$ の順番にすると，図12からわかるように，患者 a_3 を診察した後，患者 a_4 を診察するまで医者は $20 - 7 = 13$ 分間待たされることになり，医者がすべての患者を診察し終えるまでに費やされる全時間 T は

$$T = 20 + 25 + 20 + 20 + 15 = 100 \quad (\text{分})$$

となります．

そこで，T をできるだけ短かくするような，つまり医者が待たされることのないような患者の順序を決める方法をグラフを用いて説明しましょう．5人の患者 $a_1, a_2, \cdots, a_5$ に対応する5個の点をもつ有向グラフを作ります．2点間の隣接関係は次の通りです．

(5) $c_i \geqq s_j, (i \neq j)$，のときかつそのときに限り，点 a_i を点 a_j へ隣接させる．

128 第9章 しりとり遊びの数理

$$c_1 = 20分$$
$$a_1 \; s_1 = 10分$$

a_2
$c_2 = 15分$
$s_2 = 13分$

a_5
$c_5 = 20分$
$s_5 = 15分$

a_3
$c_3 = 7分$
$s_3 = 15分$

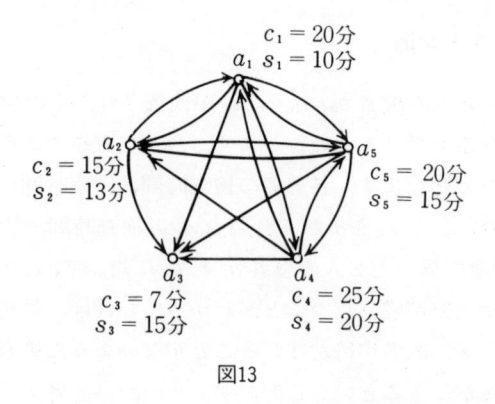

a_4
$c_4 = 25分$
$s_4 = 20分$

図13

　こうして得られる有向グラフ D_5（図13）は**完全有向グラフ**と呼ばれています．完全有向グラフというのは，どの二つの相異なる点 u と v についても，弧 (u, v) および弧 (v, u) の少なくとも一つがあるような有向グラフのことです．D_5 はハミルトン道 $W : a_1 a_5 a_4 a_2 a_3$ をもち，この道を表す点の順に患者の検査をすると，図14で見られるように医者は待たされることなく患者を次々と診察することができます．このとき，$T = 87$ 分となり，図12の場合と比較して，18分も短かくなっていることが観察されます．

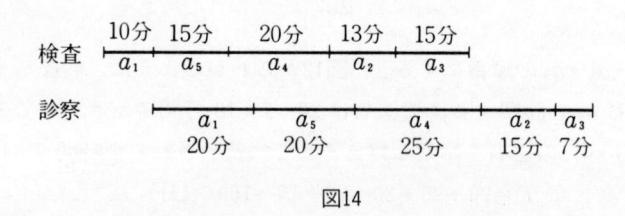

検査　10分　15分　20分　13分　15分
　　　a_1　a_5　a_4　a_2　a_3

診察　　　　a_1　a_5　a_4　a_2 a_3
　　　　　　20分　20分　25分　15分 7分

図14

　ここでパズル3を考えてみましょう．n 人の患者 $a_1, a_2, \cdots, a_n$ に対応する n 個の点をもち，2点間の隣接関係を(5)にもつ有向グラフ D_n を作ります．上の例で見たように，D_n がハミルトン道 W をもつならば，W 上の点の順に患者を検査をすると，医者は待たされることなく患者を診察することができます．この結果，この順序ですべての患者を診察し終えるまでに費やされる全時間 T_0 は，患者の検査の順を任意にした場合に比べ短かくすることができ

ます．ちなみに，$T_0 = \sum_{i=1}^{n} c_i$ です．さて，パズル3の条件よりD_nは完全有向グラフになります．そこで，パズル3の解答にはD_nがハミルトン道をもつことがいえれば十分です．実は，完全有向グラフは総当りグラフを特別なものとして含み，第3章問題2(a)よりそのことは明らかです．

第10章　見合い結婚の数理

　いく人かの男性と女性が一堂に会して，各人の結婚相手を見つけるいわゆる集団見合いを考えてみましょう．このような席の出席者は自分の気に入った一生の伴侶を求めようとしているわけですが，主催者としては，お互いに気に入ったカップルをできるだけ多く誕生させることを考えているでしょう．複数の男性から好意をもたれる女性もいれば，1人の男性が多くの女性に好意をもつ場合もあって，集団見合いの席で，各人の気に入った伴侶を見つけることは簡単な問題ではありません．

　たとえば，a, b, c, d, e という名前の男性が5人，v, w, x, y, z という名前の女性が5人集団見合いに参加したとします．見合いの結果 a が v, w, x に好意をもち，b が y, z に好意をもち，以下，c が x, z に，d が w, y, z に，e が w に好意をもっていたとします．次に，女性について，v が a, b に，w が a, c, d, e に，x が a, c に，y が b, d, e に，z が b, c, d に好意をもっていたとします．このように，誰が誰に好意をもっているかという関係は複雑で，その中で好意をもっている者同士を結婚の組合せとしてできるだけ多く選ぶのに，どのような仕方をすればよいでしょうか．ここではこのような問題をグラフ論から考えてみましょう．

§1．集団見合いと2部グラフ

　上で述べた好意の関係は有向グラフで表すことができます．集団見合いの参加者の10人を10個の点に対応させ，見合いの結果，ある男性がある女性に

§1. 集団見合いと2部グラフ　131

好意をもったとき，その男性に対応する点からその女性に対応する点に隣接させ，ある女性がある男性に好意をもった場合も同じように考えます．たとえば a 氏は v, w, x さんに好意をもっているので，点 a を v, w, x の3点に隣接させます．こうして得られた有向グラフ D を図示すると，図1のようになります．このグラフ D において，2点が対称弧をもつときかつそのときに限り，これらの2点を辺で隣接させると図2の無向グラフ G が得られます．

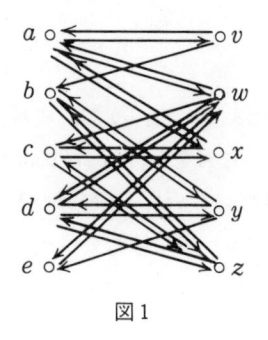

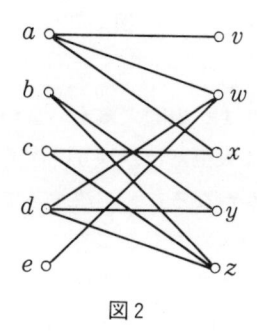

　　　　図1　　　　　　　　図2

例えば，図1の2点 a, v は対称弧 $(a, v), (v, a)$ をもつので，図2の2点 a, v は辺で結ばれています．しかし図1の2点 b, v は対称弧をもたないので（弧 (b, v) をもたない），図2で見られるように b と v は隣接していません．このグラフ G は第5章でとりあげた，部集合 $V_1=\{a, b, c, d, e\}$ と $V_2=\{v, w, x, y, z\}$ をもつ2部グラフです．このような2部グラフをここでは**見合いグラフ**と呼ぶことにします．

　この2部グラフ G を用いて，各人の結婚相手を次のようにして選ぶことができます．点 v と点 e の次数は共に1なので，v さんの伴侶に a 氏が選ばれ，e 氏の伴侶に w さんが選ばれます．G から4点 a, v, e, w とそれらに接続する辺を除いた2部グラフ G' (点集合 $\{b, c, d, x, y, z\}$ による G の誘導部分グラフ）において（図3），点 x の次数が1となり，x さんの伴侶として c 氏が選ばれます．同様にして，2部グラフ G'' を作り（図4），b, d, y, z の各々の伴侶として，例えば，b 氏に y さんを，d 氏に z さんを選ぶことができます．以上により選ばれたこれらのカップルの集合は G の辺集合の部分集合

$$M_1 = \{\{a, v\}, \{b, y\}, \{c, x\}, \{d, z\}, \{e, w\}\}$$
として表すことができます．

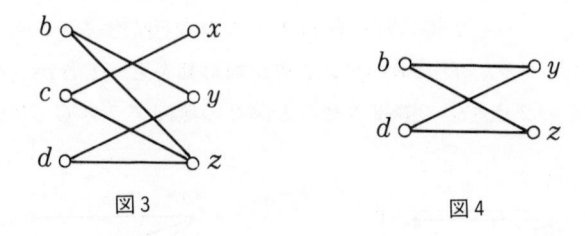

図3   図4

> **パズル1** 組閣人事もいよいよ大詰めに来ました．文部，農林，厚生，通産の4大臣だけが決まっていませんが，それも a, b, c, d の4氏のうちの誰かがなることが決まっています（兼任はない）．誰がどの大臣になるかが興味のあるところで，それぞれの記者が得た情報をもとにして，お互いに他社の記者に探りを入れながら，雑談をしているところです．
> ①「a 氏は文部か農林だよ」
> ②「いやいや，文部は b 氏か c 氏のどっちかだ」
> ③「へえ，b 氏は農林か厚生のどちらかのはずだよ」
> 記者連中，他社を煙に巻くため，誰もうそばかり言っていたそうです．ほんとうは誰が何大臣になったのでしょうか．

点集合 V_1 と V_2 を $V_1 = \{a, b, c, d\}$, $V_2 = \{w = $ 文部, $x = $ 農林, $y = $ 厚生, $z = $ 通産$\}$ とします．①により点 a を V_2 の2点 w, x に隣接させ，②に従って，点 b と c を w に隣接させ，③に従って，b を x と y に隣接させると，図5に見られる2部グラフ $G = (V, E)$ が得られます．ここで，$V = V_1 \cup V_2$, E は図5に示した辺の集合です．集合 $E_0 = \{\{u, v\} | u \in V_1, v \in V_2\}$ から E の辺を除いた集合 $E' = E_0 - E$ を辺集合にもつ2部グラフ $G' = (V, E')$ を考えます（図6）．誰がどの大臣になったかを G' から知ることができます．図6において，点 b と点 w の次数が共に1となることから，b 氏は通産大臣であり，文部大臣は d 氏ということになります．G' から b, z, d, w の4点とそれらに接続する辺を除いて得られる2部グラフ G''（図7）を考え，このグラフ

図5　　　　　　図6　　　　　図7

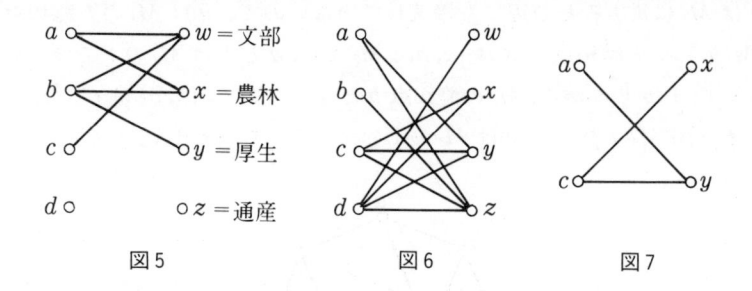

から a 氏が厚生大臣，c 氏が農林大臣であることがわかります．こうして得られた組の集合

$$M_2=\{\{a,厚生\},\{b,通産\},\{c,農林\},\{d,文部\}\}$$

は E' の部分集合となります．

§2. 基本的用語

　グラフ $G=(V,E)$ に対し，G の辺 e と f が**独立**であるとは，それらの辺が共通の点に接続していない，すなわち $e\cap f=\phi$（空集合）のときをいいます．E の部分集合 M で，M に属するどの異なる二つの辺も独立であるとき，M は G の**マッチング**と呼ばれています．特に，一つの辺からなる M もマッチングと呼ばれます．G の点 v がマッチング M のある辺に接続しているとき，v は M の**飽和点**といわれ，そうでないとき，v は M の**不飽和点**といわれます．M の飽和点 u と v について，$\{u,v\}\in M$ のとき，u と v は M の下で**マッチしている**といいます．

　これらのことを図8に示したグラフ G で観察してみましょう．辺 $\{a,b\}$ と $\{c,h\}$ は $\{a,b\}\cap\{c,h\}=\phi$ なので，これらの辺は G において独立です．しかし，辺 $\{a,b\}$ と $\{a,d\}$ は $\{a,b\}\cap\{a,d\}=\{a\}\neq\phi$ より，これらの辺は独立ではありません．互いに独立な辺の集合 $M_3=\{\{a,b\},\{c,h\},\{e,f\}\}$ は G のマッチングですが，M_3 に辺 $\{f,g\}$ を加えると，この辺は M_3 に属する辺 $\{e,f\}$ と独立ではありません．よって $M_3\cup\{\{f,g\}\}$ は G のマッチングではないことがわかります．$\{a,b\}$ が M_3 に属しているので，点 a は M_3 の飽和点ですが，

点 g は M_3 に属するどの辺にも接続していないので，g は M_3 の不飽和点です．M_3 の二つの飽和点 a, b は $\{a, b\} \in M_3$ より，a と b は M_3 の下でマッチしています．しかしながら，M_3 の飽和点 b と e について，$\{b, e\}$ は G の辺ですが，$\{b, e\} \notin M_3$ より b と e は M_3 の下でマッチしていません．

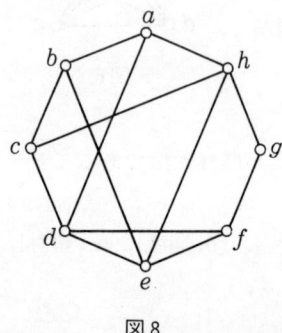

図8

グラフ G のあらゆるマッチングの中で，辺の数が最も多いマッチングを G の**最大マッチング**と呼びます．M がグラフ G のマッチングで，しかも G のどの点も M の飽和点であるとき，M は G の**完全マッチング**といわれます．G の点の個数を n とすると，G のマッチング M に含まれる辺の個数 $e(M)$ は不等式 $e(M) \leq n/2$ を満足させます．これは M に属するどの異なる二つの辺も独立であるということからわかります．グラフ G が必ずしも完全マッチングをもつとは限りませんが，G がもし完全マッチング M をもつならば，G の点の個数 n は偶数で $e(M) = n/2$ となり，M はもちろん最大マッチングとなります．

図8に示したグラフ G において与えた M_3 は最大マッチングではありません．M_3 よりもより多くの辺からなるマッチング $M_4 = \{\{a, b\}, \{c, h\}, \{d, e\}, \{f, g\}\}$ が G にあるからです．M_4 は最大マッチングの例です．又，G のどの点も M_4 の飽和点で M_4 は G の完全マッチングとなります．もちろん $e(M_4) = 8/2 = 4$（8は G の点の個数）を満たします．

図9，10は完全マッチングをもたないグラフの例です．図9に示したグラフの点の個数は奇数なので，このグラフは完全マッチングをもちません．図

図10のグラフは偶数個の点をもっていますが，点 f が他のすべての点を隣接していて，このグラフのあらゆるマッチングは f を飽和点にもっているので，このグラフの完全マッチングではありません．

第1節で与えた辺の集合 M_1 と M_2 は，それぞれ図2と図6のグラフのすべての点を飽和しているので，それらのグラフの完全マッチングです．

第4章でグラフの因子というものを考えましたが，完全マッチングは1-因子に対応しています．それは，グラフ G が完全マッチング M をもつならば，V を G の点集合とすると，$G'=(V, M)$ は1-正則グラフ（各点の次数が1となるグラフ）で G の1-因子です．したがって次の結果が得られます．

> グラフ G が完全マッチングをもつための必要十分条件は G が1-因子をもつことである．

最大マッチングを特徴付けるのに，交互道，増大道という概念があります．グラフ G に対し，M を G のマッチングとします．G の道の中で，M に属する辺と M に属さない辺を交互にたどっていくような道を G における M の**交互道**といいます．また，M の交互道でその道の始点と終点が共に M の不飽和点であるとき，その交互道は G における M の**増大道**と呼ばれます．

図11のグラフ G で交互道，増大道を考えてみましょう．$M_5=\{\{a, b\}, \{d, f\}, \{h, g\}\}$ は G のマッチングです．（図では M_5 の辺は太線で書かれています．）G の道 $P_1: bahgdfe$ について，P_1 上の辺が順序よく，$\{b, a\}\in M_5$, $\{a, h\}\notin M_5$, $\{h, g\}\in M_5$, $\{g, d\}\notin M_5$, $\{d, f\}\in M_5$, $\{f, e\}\notin M_5$ となっています．P_1 は G における M_5 の交互道です．しかし，道 $P_2: bahgdc$ について，連続

した二つの辺 $\{g,d\}$, $\{d,c\}$ は共に M_5 に属さないので，P_2 は M_5 の交互道ではありません．交互道 P_1 について，P_1 の終点は M_5 の不飽和点ですが，始点は M_5 の飽和点なので P_1 は M_5 の増大道であるとはいえません．P_1 を拡張して，点 c から始まる M_5 の交互道 P_3: $cbahgdfe$ は，始点と終点が共に M_5 の不飽和点となり，G における M_5 の増大道の例となります．P_3 の長さは 7 ですが，一般にマッチング M に対して M の増大道が存在するならば，この増大道の長さは奇数です．それは，この道で M に属さない辺で始まって M に属さない辺で終る交互道ということからわかります．

さて，M_5 の増大道 P_3 上の辺を集めた集合を F とします：$F=\{\{c,b\}$, $\{b,a\}$, $\{a,h\}$, $\{h,g\}$, $\{g,d\}$, $\{d,f\}$, $\{f,e\}\}$．F から M_5 に属する辺を除いて得られる集合 $M_6=F-M_5=\{\{c,b\}$, $\{a,h\}$, $\{g,d\}$, $\{f,e\}\}$ は，M_6 に属するどの異なる二つの辺も独立なので，図11のグラフ G のマッチングです．M_6 の辺は図12のグラフで太線で示しています．P_3 は M_5 に属するすべての辺を交互に通っていて，その上 P_3 の長さは奇数ということから，M_6 は M_5 に属する辺よりも 1 本多く含みます．結局，M_6 は G の最大マッチングになり，G に M_6 の増大道は存在しません．増大道の存在と最大マッチングとの関係は次節で詳しく見ていくことにします．

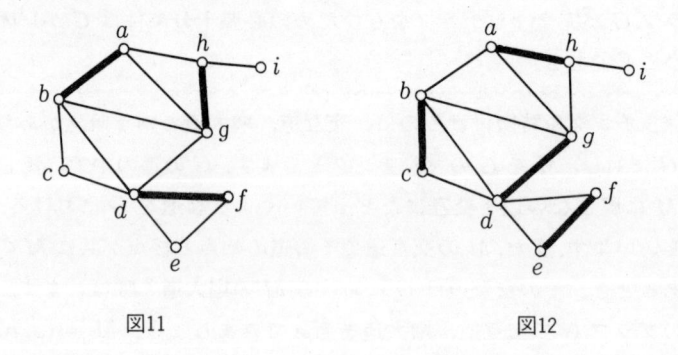

図11　　　　　　　　　　図12

§3. 集団見合い

次のパズルを考えて下さい．

§3. 集団見合い

パズル2 ある集団見合いの会場に男性6人 $a_1, a_2, \cdots, a_6$ と女性6人 $b_1, b_2, \cdots, b_6$ が出席しました．そこで，主催者は出席者にメモ用紙を配り，自分の好みとする相手の名前を書いてもらうことにしました．そのアンケートの結果は次のとおりでした．

男性	相手の名前	女性	相手の名前
a_1	b_1, b_2, b_3, b_5, b_6	b_1	a_1, a_2, a_6
a_2	b_2, b_3, b_4	b_2	a_1, a_2, a_3, a_4, a_5
a_3	b_2, b_3, b_4	b_3	a_1, a_2, a_3, a_4, a_6
a_4	b_2, b_3	b_4	a_2, a_5
a_5	b_2, b_4, b_6	b_5	a_1, a_3, a_6
a_6	b_1, b_3, b_5, b_6	b_6	a_1, a_6

このアンケートにもとづいて，主催者は各人の伴侶を決めようとしましたがどうしてもうまく決めることができませんでした．それはどうしてでしょうか．そのわけを考えてみて下さい．

このパズルにおけるアンケートの結果を表す見合いグラフは図13のように

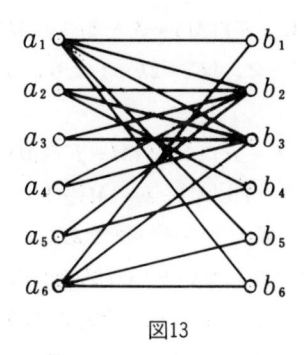

図13

なります．このグラフで，例えば b_1 さんが a_2 氏に好意を寄せているにもかかわらず，点 b_1 と点 a_2 が隣接していないことに注意して下さい．今まで見てきた事から，パズル2の問題はマッチングの言葉で説明することができます．すなわち，次の問題に置き換えられます．

> **問題1** 図13に示した見合いグラフは完全マッチングをもたないことを示して下さい．

この問題の解答はひとまず置いて，一般的な話しを先にします．第2節の終りで，最大マッチングと増大道の存在性について具体的な例で説明しました．このことに関連して，ベルジェによる次の定理が知られています．

> **最大マッチング定理1** M をグラフ G のマッチングとする．このとき，M が最大マッチングであるための必要十分条件は G において M の増大道が存在しないことである．

最初に，最大マッチング M に対して，G に M の増大道が存在しないことを示します．G が M の増大道 $P: v_0 v_1 \cdots v_{2k+1}$（増大道の長さは奇数）を含むとして，$F$ を P 上の辺を集めた集合とします：$F=\{\{v_0, v_1\}, \{v_1, v_2\}, \cdots, \{v_{2k}, v_{2k+1}\}\}$．$G$ の辺集合の部分集合

$$M' = (F - F \cap M) \cup (M - F \cap M)$$

を考えます．M はマッチング，さらに $F - F \cap M = \{\{v_0, v_1\}, \{v_2, v_3\}, \cdots, \{v_{2k}, v_{2k+1}\}\}$ と $(F - F \cap M) \cap (M - F \cap M) = \phi$ とから，M' も G のマッチングであることがわかります．さらに，$|F| = 2k+1$ より，$|F - F \cap M| = k+1$，$|M - F \cap M| = |M| - k$ となり，

$$|M'| = |F - F \cap M| + |M - F \cap M|$$
$$= k + 1 + |M| - k = |M| + 1$$

を得ます．これは M が G の最大マッチングであることに矛盾します．したがって，G に M の増大道は存在しないという結論が得られます．

次に定理の逆を証明します．それには，命題の対偶，つまり，マッチング M が G において最大でないならば，G に M の増大道が存在するということを証明します．マッチング M' が M より多くの辺をもつと仮定し，グラフ $G' = (V', E')$ を考えます．ここで，E' は M と M' の和集合からその共通部分を除いた集合，$E' = (M \cup M') - (M \cap M')$ です．また，V' は E' に属する辺の端点の集合を表します．マッチングに属するどの異なる二つの辺も独立であることから，G' の各点の次数は1か2です．よって，G' の各連結成分は道かも

しくは長さが偶数の閉路かのいずれかになり，しかもこれらは M と M' の辺が交互に並んだものになります．閉路の形をもつ連結成分では M の辺と M' の辺が同数回現れています．したがって，M' が M よりも多くの辺を含んでいることから，ある連結成分は M' の辺で始まり，M' の辺で終るような道 P となります．この道は始点，終点共に G' において M' の飽和点より，これら 2 点は G の中では M の不飽和点であることがわかります．このことは P が G における M の増大道であることにほかなりません．以上によりこの定理の証明が完了しました．

この定理の証明の後半を具体的な例で見てみましょう．図14のグラフ G のマッチングとして，$M=\{\{a,f\},\{c,d\},\{g,h\},\{i,j\}\}$ と $M'=\{\{a,h\},\{b,c\},\{d,e\},\{f,g\},\{i,j\}\}$ をとってみます．M に属する辺は図15において太線で，M' のそれは破線で示しています．このとき $E'=\{\{a,f\},\{a,h\},\{b,c\},\{c,d\},\{d,e\},\{f,g\},\{g,h\}\}$ となり，G' は図16で見られる通りです．図16の太線はもちろん M の辺で，破線は M' の辺を意味します．G' は二つの連結成分をもち，その一つが M' の辺で始まり M' の辺で終る道 $P:bcde$ で，これが G における M の求める増大道です．

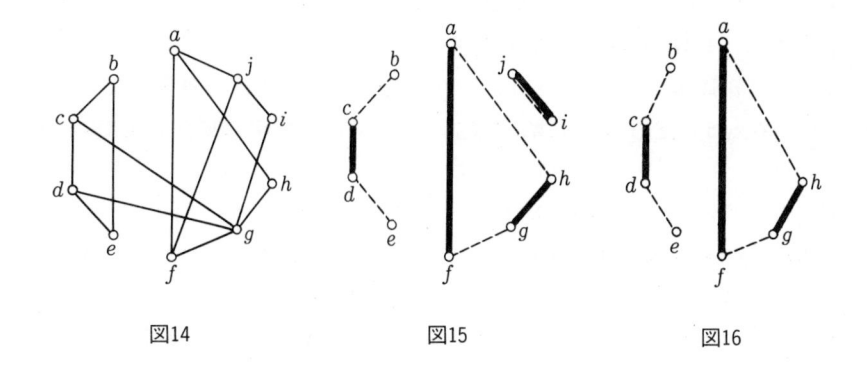

図14 図15 図16

定理1から次の定理が導びかれ，これは問題1を解くのに大変有効です．グラフ $G=(V,E)$ の点集合 V の部分集合 U に対して，U の点に隣接するすべての点からなる集合を U の**近傍**といい，$N(U)$ で表します．すなわち $N(U)=\{v\in V|\{u,v\}\in E, u\in U\}$ です．

> **最大マッチング定理2**　G を X, Y を部集合とする2部グラフとする．このとき，G が X のすべての点を飽和点とするマッチングをもつための必要十分条件は X の任意の空でない部分集合 U に対して，
> $$(*) \qquad\qquad |N(U)| \geq |U|$$
> が成り立つことである．

　G が X のすべての点を飽和点とするマッチング M をもつとします．X の点 u と M の下でマッチする点を $M(u)$ とします．この $M(u)$ は点 u に対して一つだけであることに注意して下さい．U を X の任意の空でない部分集合とし，$u, v \in U$ に対し，$u \neq v$ ならば $M(u) \neq M(v)$ となることから，
$$\bigcup_{u \in U} \{M(u)\} \subset N(U) \text{ より } |U| \leq |N(U)|$$
が成り立つことがわかります．

　逆に，G が条件 $(*)$ を満たす2部グラフであるとし，X のすべての点を飽和点とするマッチングをもたないと仮定します．M を G の最大マッチングとします．すると仮定より，X に M の不飽和点 u が存在し，A を M の交互道により u と連結している点の集合とします．特に $u \in A$ とし，$U = A \cap X$，$W = A \cap Y$ とします．M は最大マッチングであることから，定理1を適用して，G は M の増大道をもちえません．したがって，A の中で M の不飽和点は点 u 以外にはないことがわかり，M の下で $U - \{u\}$ の各点 v とマッチしている点はただ一つの点 $M(v)$ であって，$M(v)$ は W に属する点です．よって $|W| = |U| - 1$ となります．さらに $W \subset N(U)$ ですが，実は $N(U) = W$ が成り立ちます．それは，$w \in N(U)$ となるすべての w に対して，G は u と w を連結する M の交互道を含みます．G は M の増大道をもたないことから w は M の飽和点より $w \in W$，よって $N(U) = W$ が得られます．したがって $|N(U)| = |W| = |U| - 1 < |U|$ となり，これは条件 $(*)$ に矛盾します．（図17を参照して下さい．ただし，太い線は M の辺を，黒い点は A に属する点を示しています．）これでこの定理の証明を終えます．

　ここで定理2を用いて問題1を解答してみましょう．図13のグラフは部集合 $X = \{a_1, a_2, \cdots, a_6\}$，$Y = \{b_1, b_2, \cdots, b_6\}$ をもつ2部グラフです．X の部分集

図17

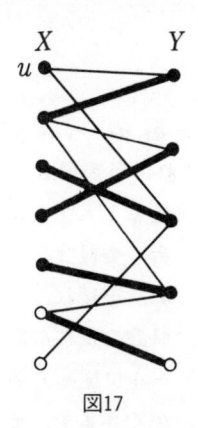

合 U として，$U=\{a_2, a_3, a_4, a_5\}$ を取ると a_2, a_3, a_4, a_5 のいずれかに隣接している点は b_2, b_3, b_4 となり，U の近傍は $N(U)=\{b_2, b_3, b_4\}$ となります．$|N(U)|<|U|$ から定理2の条件(∗)が満たされていなく，このグラフは X のすべての点を飽和点とするマッチングをもたない，すなわち，完全マッチングをもたないことがわかります．

パズル1に関連しての図6の2部グラフが完全マッチングをもつことを定理2から考えてみます．$X=\{a, b, c, d\}$，$Y=\{w, x, y, z\}$ として，X の各部分集合 U の近傍 $N(U)$ は表1のようになり，この表から条件(∗)が満たされることがわかります．したがって，図6の2部グラフは X のすべての点を飽和点とするマッチングをもち，完全マッチングをもつことがわかります．

表1

U	$\{a\}$	$\{b\}$	$\{c\}$	$\{d\}$	$\{a,b\}$	$\{a,c\}$	$\{a,d\}$	$\{b,c\}$	$\{b,d\}$	$\{c,d\}$	$\{a,b,c\}$	$\{a,b,d\}$	$\{a,c,d\}$	$\{b,c,d\}$	X
$N(U)$	$\{y,z\}$	$\{z\}$	$\{x,y,z\}$	Y	$\{y,z\}$	$\{x,y,z\}$	Y	$\{x,y,z\}$	Y	Y	$\{x,y,z\}$	Y	Y	Y	Y
$|N(U)|$	2	1	3	4	2	3	4	3	4	4	3	4	4	4	4

図6の2部グラフが完全マッチングをもつかどうか判定するのに，X の空でないあらゆる部分集合について定理2の条件(∗)が成り立つかどうか確認しなければなりません．次節では，特殊な2部グラフについて，もっと簡単な判定法を考えてみることにしましょう．

§4. 委員長選出問題

パズル3 8人のメンバー $a_1, a_2, \cdots, a_8$ からなるある会合で，五つの委員会 c_1, c_2, c_3, c_4, c_5 が作られ，各委員会のメンバーは表2の通りでした．さて，各委員会から委員長を1人ずつ選出したいとします．この場合，委員会の長は委員会に属するメンバーから選ばれ，しかも委員長は二つ以上の委員会の長になれないものとします．このルールに従って各委員会の長を選出することができます．そのわけを考えて下さい．

表2

c_1	a_1, a_2, a_5, a_8
c_2	a_3, a_4, a_5
c_3	$a_1, a_3, a_4, a_6, a_7, a_8$
c_4	a_2, a_4, a_6, a_7
c_5	a_3, a_5, a_7

このパズルの解答には定理2から導かれる次の定理が役立ちます．

最大マッチング定理3 G を X, Y を部分集合とする2部グラフとする．ある正の整数 k に対し，X の各点の次数は k 以上であり，Y の各点の次数は k 以下であるとする．このとき，G は X のすべての点を飽和点とするマッチングをもつ．

U を X の任意の空でない部分集合とし，$N(U)$ を U の近傍とします．さらに，U の点に接続する辺の総数を q_1, $N(U)$ のそれを q_2 とします．このとき，U の各点は $N(U)$ のある点に隣接しているので，$q_1 \leq q_2$ がいえます．今，$|U| > |N(U)|$ と仮定すると，定理の仮定より $q_1 \geq k|U| > k|N(U)| \geq q_2$ となり上記に矛盾します．よって $|U| \leq |N(U)|$ が得られ，定理2の条件（＊）が満たされ求める結果が得られます．

さて，パズル3を定理3を用いて解答してみましょう．$X = \{c_1, c_2, \cdots, c_5\}$, $Y = \{a_1, a_2, \cdots, a_6\}$ を部分集合とする2部グラフを考えます．委員会に対応する点に，その委員会のメンバーに対応する点を隣接させることにより2部グラフ G が得られます（図18）．定理3で $k = 3$ としますと，定理の仮定が満足されていることがわかり，G は X のすべての点を飽和点とするマッチングが得られます（図19）．委員会 $c_1, c_2, \cdots, c_5$ の委員長としてそれぞれ $a_1, a_3,$

§4. 委員長選出問題   143

a_8, a_4, a_7 が選出されて，委員長選出問題は終了します．

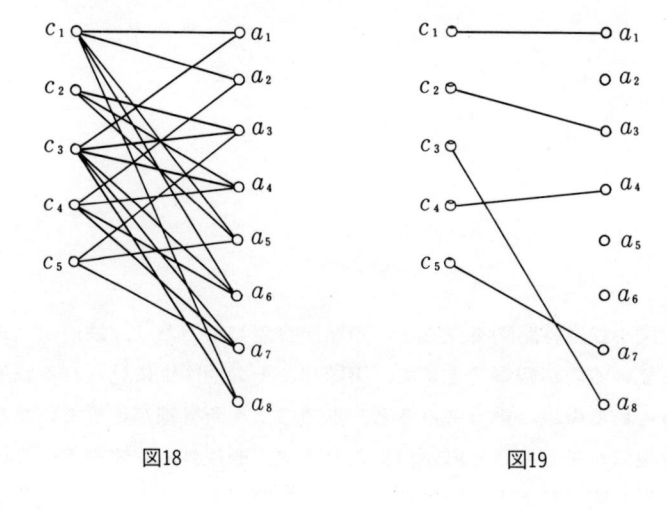

図18

図19

第11章　路の交差の数理

　道路地図や鉄道線路図を見ると，道路が交差していたり，鉄道が交差していたりしているのが観察できます．実際に，その地図上に見られる鉄道線路上を走っている電車に乗ってみると，鉄道の上を新幹線が走っていたり，下を別の在来線が走っているのが目に入ります．駅以外で立体交差している鉄道線路をもし同じ平面上（同じ地面上）に敷設するとしますと，交差する線路上を走っている電車はお互いにその交差点で衝突する恐れが生じ，電車は交差点で徐行または一時停止しなければならなくなるでしょう．これでは，電車は速度を余り出せないし，このために，目的地までの時間はかかり，交通事情は大変まずくなると思われます．立体交差をできるだけしないで，しかも交通事情を悪くしない方法について，グラフ論の立場から考えてみましょう．

§1.　鉄道線路の交差問題

　二つの駅 a, b を鉄道線路で結び，その間に他の駅がないとき，その鉄道線路を ab 線路あるいは ba 線路と呼ぶことにします．a, b をそれぞれ点に対応させ，ab 線路を辺に対応させると，いくつかの駅とそれらを結ぶ鉄道関係はグラフで表されることがわかります．
　ある地方に三つの駅 a, b, c（a, b, c は同一直線上にないとします）があるとし，これらの駅のどの二つも直接鉄道で結ぶことにします．この場合，ab 線路，ac 線路，bc 線路のどの二つも交差しないように鉄道を敷設することは

§1. 鉄道線路の交差問題　145

可能です．もちろん，たとえば ab 線路と ac 線路は駅 a で交じわっていますが，この場合この二つの線路は交差しているとはいわないことにします．実際に，それをグラフで表示すると，図1で見られるように3本の線路はまっすぐに敷設することができます．これは線路の長さが短くて最も良い方法だと考えられます．

それでは，図2のような四つの駅 a, b, c, d について，どの二つの駅も鉄道で直接結ぶという場合はいかがでしょうか．まず，図1と同じようにどの二つの駅も最短の線路で結ぶ，つまり，まっすぐな線路で結ぶとしますと，交差する線路が現れ，図2では，ac 線路と bd 線路を立体交差させる必要がでてきます．そこで，bd 線路として，曲った線路を採用することにすると，図3のように，どの二つの線路も交差しないで，任意の二つの駅を結ぶ線路を地面上に敷設することができます．

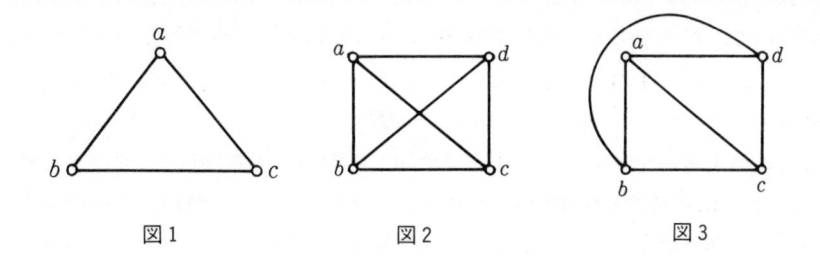

図1　　　　図2　　　　図3

駅の数が五つのときはいかがでしょうか．次のパズルを考えてみて下さい．

パズル1　五つの駅 a, b, c, d, e のどの二つの駅も直接鉄道で結ぶとします．ただし，敷設する線路は必ずしもまっすぐである必要はないとします．この場合，平面上（地面上）にどのように鉄道を敷設しようとしても，立体交差をする必要が生じます．そのわけを考えて下さい．

パズル1の説明に入る前に，トポロジー（位相幾何学）の大定理としてよく知られているジョルダンの閉曲線定理「平面内の閉じた道（閉曲線）は平面を二つの領域，すなわち内部と外部に分ける」をあげておきます．この定理を図4，5を例にして見ましょう．図4における C は平面内の閉曲線で

図4

図5

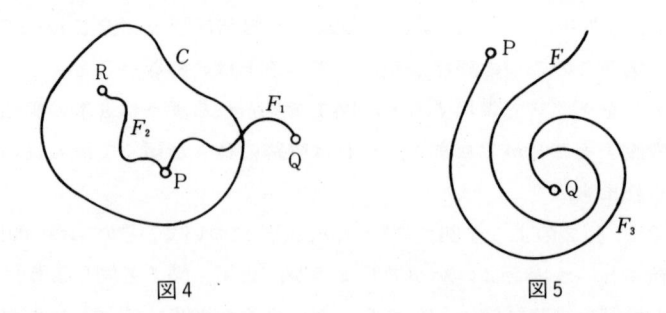

す．C の内部の点 P と外部の点 Q を結ぶ任意の曲線 F_1 は閉曲線 C と必ず交わります．しかし，C の内部の別な点 R について，閉曲線 C と交差しない曲線 F_2 で P と R は結ぶことができます．このように，閉曲線 C は平面を内部，外部の二つの領域に分割しています．一方，図5に書かれた曲線 F（閉曲線でない）は平面を分割していません．それは，平面内の任意の2点 P，Q について，F と交じわらない曲線 F_3 でもって結ぶことができるからです．

さて，パズル1の解答をしましょう．五つの駅のどの二つの間にも鉄道を敷設するということなので，まず三つの駅 a, b, c（どの三つでもよい）のお互いに結ぶ線路を交差しないように地面上に敷設します（図6）．こうして得られた a, b, c を含む閉曲線 C は平面を二つに分けます．他の二つの駅 d, e のうち，例えば d について，d は C の内部にあるか（図7）あるいは外部にあるか（図8）のいずれかが考えられます．パズル1の題意により，図7の場合，d は a, b, c の各駅と図9のように鉄道線路で結ばれ，図8の場合，図10のように結ばれます．（図9，10において，C は太い線で示しています．）図9，10は形は異なりますが，本質的には図3に示したような図と同じで，

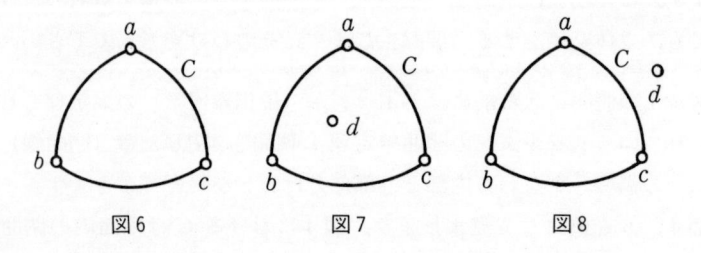

図6 図7 図8

§1. 鉄道線路の交差問題　147

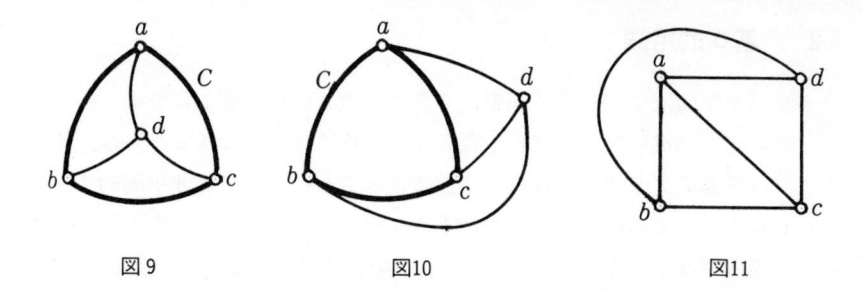

図9　図10　図11

それを図11にもう一度描いておきます．図11からわかるように，この図は平面を四つの領域に分割しており，残りの駅 e がどの領域の中に位置するかによって，図12〜15の各場合が考えられます．図12において，e と d を鉄道で結ぶとすると，それは e を囲む閉曲線（ab, ac, および bc 線路からなる曲線）と交差することになります．図13, 14についても同様に考えられ，図15についても e と a を結ぶとすると，やはり同じ事情が生じます．以上のことから，五つの駅のどの二つの駅も鉄道線路で結ぶ場合は必ず立体交差を必要とする線路の組が現れます．

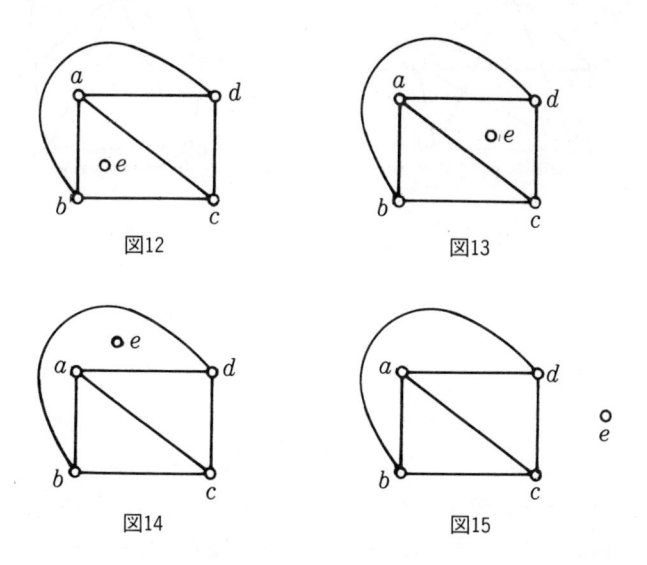

図12　図13

図14　図15

§2. 基本的用語

グラフを平面上に図示する場合，グラフの点と辺を平面上にうまく配置して，どの辺も端点以外では交差しないように描くことができるならば，そのグラフは**平面的グラフ**と呼ばれます．平面的でないグラフは**非平面的**であるといわれます．どの辺も交差しないように平面上に図示された平面的グラフを特に**平面グラフ**と呼びます．例えば，点集合 $V=\{a,b,c,d,e\}$，辺集合 $E=\{\{a,b\},\{a,c\},\{a,d\},\{a,e\},\{b,c\},\{b,e\},\{c,d\},\{c,e\},\{d,e\}\}$ をもつグラフ $G=(V,E)$ は図16のように図示されますが，この図の中の線分 ce と線分 be をまっすぐな線の代りに曲線で描くと，図17のようになり，これはどの辺も端点以外で交差していません．したがって G は平面的グラフであることがわかります．図16, 17は共に同じ平面的グラフ G を図示したものですが，図17は平面グラフといわれ，図16については，交差している辺の組があり，平面グラフとはいえません．

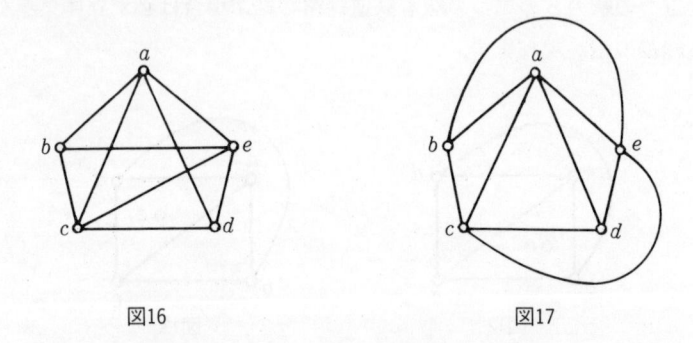

図16　　　　　　　　　　図17

図1, 3は共に平面グラフです．非平面的グラフの例としては図18, 19があげられます．

平面上に描かれた平面グラフは平面をいくつかの領域に分割するということが第1節で述べたジョルダンの閉曲線定理からわかります．これらの領域をその平面グラフの**面**と呼びます．グラフの閉路上の各辺（これは平面上の閉曲線を構成しています）は丁度二つの面の境界上にあります．平面グラフ

の外側の無限に広がった面（このような面は丁度一つあります）を**外面**あるいは**無限面**といい，その他の面を**内面**あるいは**有限面**といいます．図20に示した平面グラフは五つの面 $f_1, f_2, \cdots, f_5$ をもち，その内 f_1, f_2, f_3, f_4 は有限面であり，f_5 は無限面です．

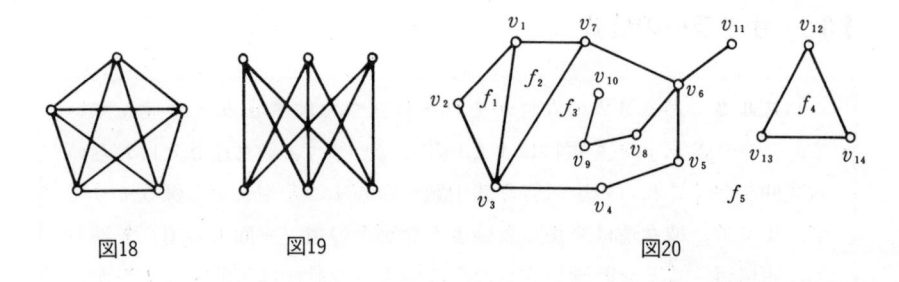

図18　　　図19　　　図20

表1

グラフ		p	q	r
G_1		1	0	1
G_2		2	1	1
G_3		3	3	2
G_4		4	4	2
G_5		4	6	4
G_6		10	9	1
G_7		11	13	4

150　第11章　路の交差の数理

　表1はいくつかの平面グラフについて，点の個数 p，辺の本数 q，面の個数 r を与えたものです．これらのグラフについて，p, q, r の関係を推察してみて下さい．この関係を次節で考察します．

§3．オイラーの公式

> **パズル2**　ある3人の女性がそれぞれ三つの地域 a, b, c に住んでいて，三つの店 x, y, z を買物によく利用しています．彼女達3人はお互い大変仲が悪くこれらの店に行く途中顔を合わすことをとても嫌うそうです．そこで，彼女達は交差しないような別々の道（平面上の道）を通って，店に行くことを計画しました．このような計画は可能でしょうか．ただし，彼女達は各店へ直接行くものとし，たとえば a に住んでいる女性が x をまわってそのまま y に行くということは考えないものとします．

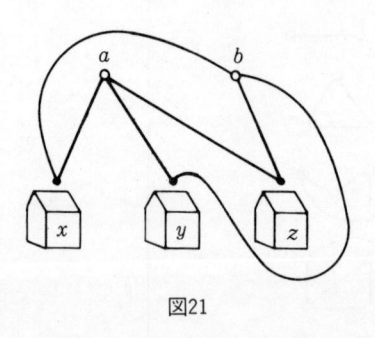

図21

　パズル2の問題をもう少し簡単にして，2人の女性（それぞれ a, b に住んでいる）についてパズルを考えてみましょう．この場合，パズルの題意に適する計画は図21のようなグラフになり，確かに，彼女達2人は交差しないような別々の道を通って店 x, y, z に買物に行くことができ，お互いに顔を合わさずにすむということになります．図21のグラフは部集合 $V_1=\{a, b\}$，$V_2=\{x, y, z\}$ をもつ完全2部グラフであって，この図はこのような2部グラフが

平面的グラフであることを示しています．**完全2部グラフ**というのは，一方の部集合の各点が他方の部集合のすべての点に隣接しているような2部グラフのことです．

結局，パズル2は次の問題に置き換えることができます．

> **問題 1** 部集合 $V_1=\{a,b,c\}$, $V_2=\{x,y,z\}$ をもつ完全2部グラフは平面的ですか．

この問題を解答する前に，第2節の終りに述べた p,q,r の関係を推察するという宿題を考えてみましょう．表1に現れるいくつかの平面グラフについて，$p-q+r=2$ となることがわかります．実は，今から230年前1758年にレオナルド・オイラーが連結な平面グラフについて，この簡単な方程式がいつも成り立つことを発見しました．彼の名前は第6章で取り扱った一筆書き問題ですでにおなじみのことと思います．この有名な公式を定理として述べておきます．

> **オイラーの平面定理（オイラーの公式）** 連結な平面グラフ G が p 個の点，q 本の辺，r 個の面をもつならば
> $$p-q+r=2$$
> が成り立つ．

この定理を辺の本数 q に関する数学的帰納法で証明します．$q=0$ のときは表1に示したグラフ G_1 のみで，明らかに $p-q+r=2$ となります．辺の本数が $q-1(q\geqq 1)$ となるどんな連結平面グラフについてもオイラーの公式が成立すると仮定します．G を p 個の点，q 本の辺，r 個の面をもつ連結平面グラフであるとし，二つの場合に分けてオイラーの公式が成り立つことを示します．

(イ) G が木であるとき，第4章における「木の点と辺の個数定理」は $q=p-1$ であることを教えています．さらに，木は閉路を全くもたないので，それは面として無限面だけをもちます．したがって $r=1$ です．（例えば，表1のグラフ G_1, G_2, G_6 を参照．）よって，
$$p-q+r=p-(p-1)+1=2$$

152　第11章　路の交差の数理

となり、オイラーの公式が成立します。

(ロ) G が木でないとき、この場合、G に閉路が少なくとも一つは存在します。例えば、表1でグラフ G_3, G_4, G_5, G_7 を見て下さい。G に存在する閉路の一つを C とします。閉路 C 上にある辺の一つを e として、G から辺 e を除いて（ただし、e の両端の点は除きません）得られるグラフを G' とします。明らかに、G' は連結な平面グラフです。このとき、G' の点の個数 p' はもちろん p で、辺の本数 q' は $q-1$ です。e を境界にする面は丁度二つあることから、面は G に比べて一つ減ります。したがって、G' の面の個数 r' は $r-1$ となります。帰納法の仮定から、$p'-q'+r'=2$ が成り立ち、この式から、

$$2 = p' - q' + r' = p - (q-1) + (r-1) = p - q + r$$

が得られ、G においてオイラーの公式が成り立つことがわかります。

定理の証明中の(ロ)を例で考えてみましょう。木でないグラフ G として、図22をとりあげてみます。$p=14, q=17, r=5$ です。G はいくつかの閉路をもっていますが、一つの閉路として $C : v_2 v_3 v_4 v_5 v_6 v_{12} v_2$ を考えます。C は面 f_1, f_2 を囲っており、C の外部の面は f_3, f_4, f_5 であることがわかります。G から辺 $e = \{v_2, v_{12}\}$ を除くと、図23に示した平面グラフ G' が得られ、e を境界としている C の内部の面 f_1 と外部の面 f_4 が合併されて面 f となることがわかり、図23の面の数は図22のそれに比べて1だけ少ないことがわかります。

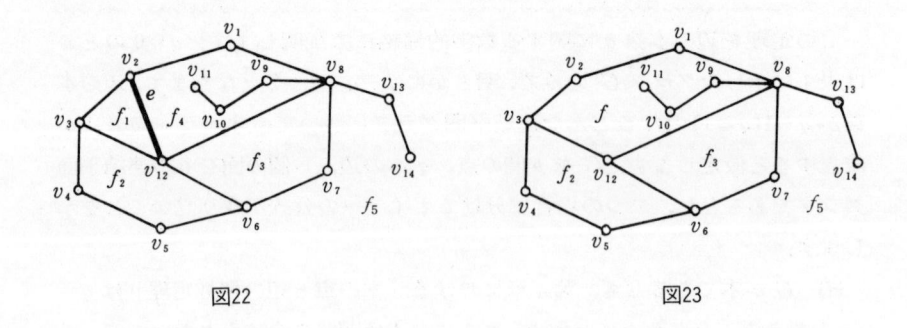

図22　　　　　　　　　　　　　図23

オイラーの公式は $r = 2 - p + q$ と書き直され、r は p と q のみに依存し、したがって次のことがわかります。

§3. オイラーの公式

> 点の個数と辺の本数を一定にして，連結平面グラフを辺が交差しないように平面上にどのように描いても，得られた平面グラフは同じ個数の面をもつ．

さて，オイラーの平面定理を用いて，問題1を解答しましょう．V_1, V_2 を部集合とする完全2部グラフを $K(3,3)$ と書きます．この $K(3,3)$ を図示すると，図24のようになります．$K(3,3)$ の点は6個，辺は9本あり，$p=6, q=9$

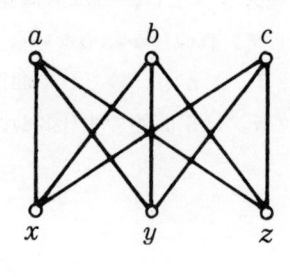

図24

です．$K(3,3)$ が平面的グラフであると仮定し，平面上に描かれた平面グラフを F とします．F の面のリストを $f_1, f_2, \cdots, f_r$ とします．ここで，r は F の面の個数です．面 f_i の境界を構成している辺の本数を q_i とすると，2部グラフに含まれる閉路の長さの最小値は4となることから，$q_i \geq 4 (i=1, 2, \cdots, r)$ がわかります．また，F において各辺は丁度二つの面の境界上にあり，

$$\sum_{i=1}^{r} q_i = 2q$$

となります．これと上記の不等式を組み合わせ，$q=9$ から，

$$4r \leq \sum_{i=1}^{r} q_i = 2q = 18$$

すなわち，$r \leq 4$ が得られます．一方，オイラーの公式より，

$$r = 2 + q - p = 5$$

となり，矛盾となります．よって，$K(3,3)$ は非平面的であるということがわかり，問題1を否定的に解決し，したがってパズル2で考えた計画は不可能ということがわかります．ある婦人は道路の途中で他の婦人といつかは顔を

§4. 平面上の線引き問題

　平面上にいくつかの点を書いて，線を交差させないで異なる2点を結んでいきます．ただし，2点に対して高々1本しか線を引くことができないとします．この場合，最大何本まで線を引くことができるでしょうか．2点の場合は1本，3点の場合は最大3本引け，それも直線的に引けます（図25, 26）．もし2点を結ぶ線として，直線しか認めないならば，図27のような4点の場合には最大5本引けます．しかし，線として曲がった線を認めるならば，最大6本引け，4点完全グラフは平面的です（図28）．次のパズルを試みて下さい．

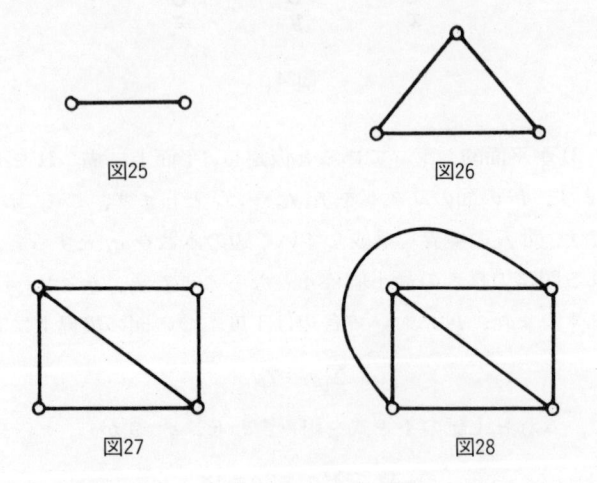

図25　　　　　　　図26

図27　　　　　　　図28

　パズル3　平面上に8個の点を書き，線（曲がった線でもよい）を交差させないように，異なる2点を結んでいきます．このとき，最大何本線を引くことができるでしょうか．ただし，2点に対して高々1本しか線を引くことができないとします．

§4. 平面上の線引き問題

　パズルの解答はひとまずおいて，関係する事項について考えてみます．p 個の点を平面上に書き，線（曲がった線でもよい）を交差させないで，異なる2点を結んでいった場合，引くことのできる線の最大数を $n(p)$ と書くことにします．もちろん，2点に対して高々1本しか線を引くことができないとします．このとき，パズル3の問題は $n(8)$ を求めることにほかなりません．図25，26，28から，$n(2)=1$，$n(3)=3$，$n(4)=6$ ということが観察でき，$n(p)$ は，点の個数 p を与えて，平面的グラフの辺の最大本数を意味していることが理解されます．したがって，パズル3は次の問題に置き換えられます．

> **問題2**　8個の点をもつ平面的グラフの辺の最大本数 $n(8)$ はいくらですか．

　一般的な問題，すなわち $n(p)$ を求めてみます．$p(\geqq 3)$ 個の点，q 本の辺および $r(\geqq 2)$ 個の面をもつ平面グラフ G を考えます．辺の最大本数を与えるグラフは連結ですので，G は連結グラフとし，さらに，G の各辺はある面の境界となっているとします．G の各面 $f_i(i=1,2,\cdots,r)$ の境界を構成している辺の本数を q_i とします．そのとき，$p\geqq 3$ より，G のどの面も少なくとも3本の辺で囲まれ，したがって

(1) $$q_i \geqq 3, \quad i=1,2,\cdots,r$$

がいえます．一方，前節の $K(3,3)$ のときと同じようにして，

(2) $$\sum_{i=1}^{r} q_i = 2q$$

が得られます．(1)と(2)から，不等式 $3r \leqq 2q$ が得られ，これにオイラーの平面定理を適用すると，

(3) $$q \leqq 3p-6$$

となります．(3)の等号が成立するのは，(1)において，すべての $i=1,2,\cdots,r$ に対して，$q_i=3$ であるときかつそのときに限るということがわかります．つまり，平面グラフ G のどの面も**三角形**であるときかつそのときに限り，(3)の等号が成立するということです．以上のことから $n(p)=3p-6$ となります．したがって，問題2の答え，すなわちパズル3の答えは $n(8)=18$ となり，その平面グラフは図29のように描くことができます．このグラフの無限面も三つの辺で構成されていることに注意して下さい．この面も三角形といいます．

図29

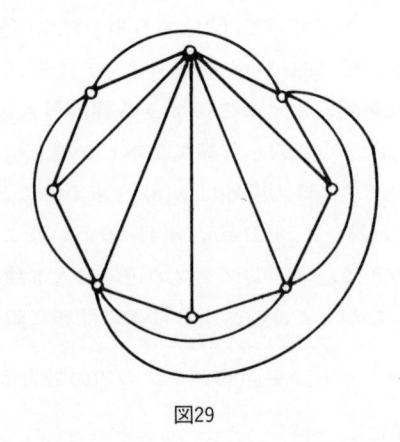

　$p(\geqq 3)$ 個の点をもち，$n(p)=3p-6$ 本の辺をもつ平面(的)グラフは，特に，**極大平面(的)グラフ**と呼ばれています．上で述べたことから，次のことがわかります．

> (a)　3個以上の点をもつ極大平面グラフの各面は三角形である．逆に，どの面も三角形であるようなグラフは極大平面グラフである．
>
> (b)　G が極大平面的グラフであるとき，G において隣接していない任意の2点を結んで得られるグラフは非平面的である．

上で述べたことは，さらに次の定理にまとめられます．

> **平面の極大定理**　$p(\geqq 3)$ 個の点をもち，q 本の辺をもつ平面的グラフに対して，不等式
> $$q \leqq 3p-6$$
> が成り立つ．さらに，等号が成り立つような（極大）平面的グラフは常に存在し，$n(p)=3p-6$ である．

　図30は極大平面的グラフです．しかし，図31のグラフはそうではありません．それは隣接していない点 a と c，b と d を図32のように結ぶことができるからです．図32のグラフは，$n(5)=9$ 本の辺をもち，極大平面的であることがわかります．

§4. 平面上の線引き問題　157

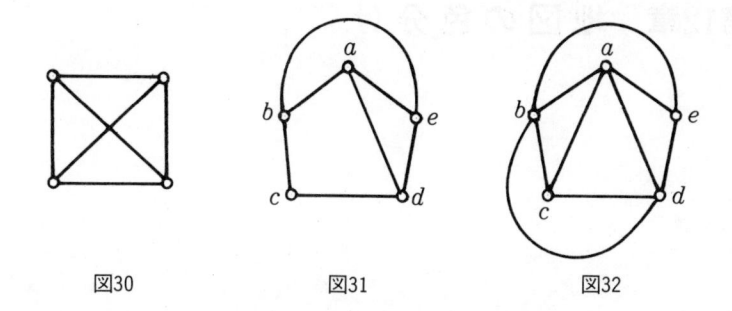

図30　　　　図31　　　　図32

　最後に，パズル1をもう一度考えてみましょう．このパズルは次の問題に置き換えられます．

　問題3　5点完全グラフ K_5 は非平面的であることを示して下さい．

　K_5 が平面的グラフであると仮定します．K_5 は $p=5$ 個の点をもち，平面の極大定理より $q \leq 9$ となります．これは K_5 が10本の辺をもつことに反します．したがって，K_5 は非平面的であることがわかります．

　問題1の解答の中で完全2部グラフ $K(3,3)$ が非平面的であることを知りました．このことと問題3から，次のことがわかります．

　非平面の判定定理　グラフ G が5点完全グラフ K_5 かあるいは完全2部グラフ $K(3,3)$ のいずれかを部分グラフとして含むならば，G は非平面的である．

第12章　地図の色分け

　世界地図をひろげてみると，世界の国々がいろいろな色でぬられているのが観察できます．海と陸地，互いに隣り合っている国と国は異なる色でぬられ，それらの境界が一目でわかるようになっています．単純に，海と国の数だけ色の種類を用いればそのようなことは可能ですが，実際には，隣り合っていない国の中には同じ色がぬられ，はるかに少ない種類の色で巧くぬり分けられています．ここでは，できるだけ少ない色で隣り合った国を互いに異なる色でぬるという地図の色分け問題をグラフ論から考えてみましょう．

§1．地図の色分け

　a，b，c，d，e，f の 6 カ国からなる図 1 の地図を色分けしてみましょう．a，b，$\cdots$，f に各々異なった色，つまりこの地図を 6 色でぬると，確かに隣り合った国どおしは異なった色になりますが，図 2 のようにもっと少な

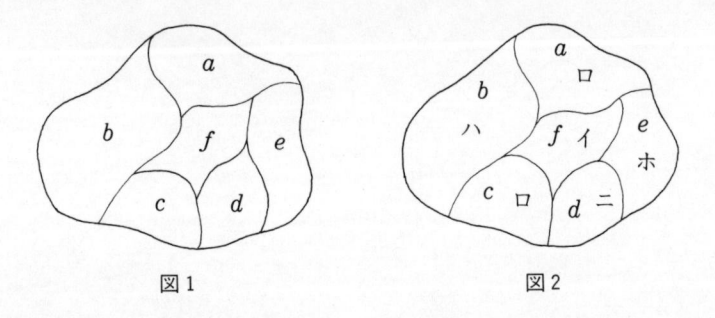

図 1

図 2

§1. 地図の色分け　159

い色でこの地図をぬり分けることができます。ここでは色をイ，ロ，ハ，ニ，ホと表すことにします．

　上で「二つの国が隣り合う」という言葉を使いましたが，この意味について，もう少し正確に述べておきます．二つの国が隣り合うときは，これらの2国が国境線に沿って境を接しているものとします．たとえば，アメリカ合衆国の各州を国とみなすとき，ユタ，アリゾナ，ニューメキシコ，コロラドの4州が1点で接していますが（図3），この場合，ユタとニューメキシコ，アリゾナとコロラドは隣り合っているとはいいません．

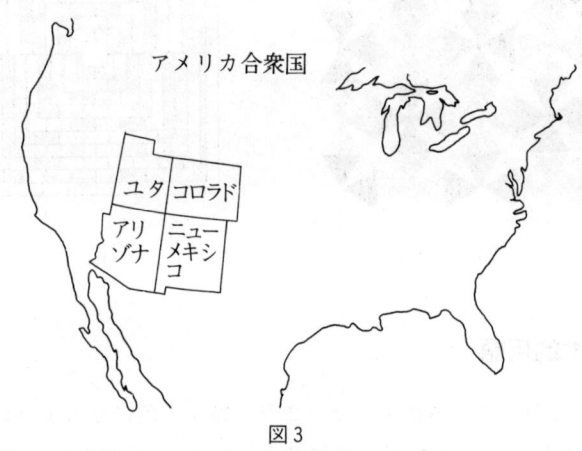

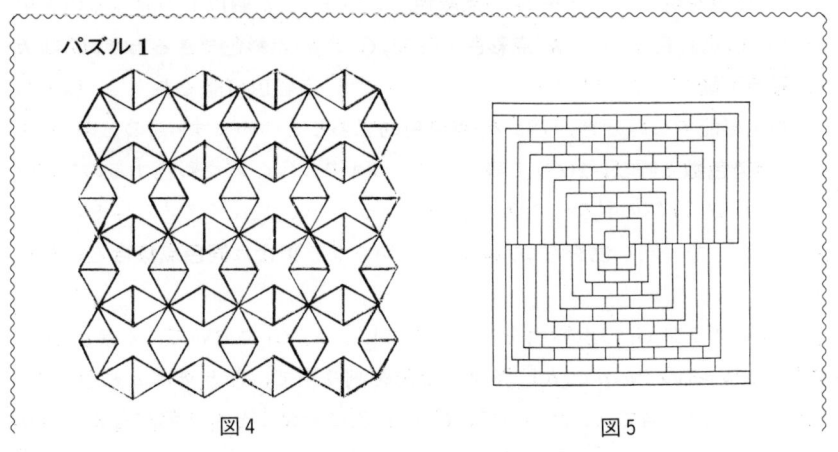

図3

パズル1

図4　　　　　　　　　図5

図4，5に示した特殊な地図を考えます．この地図で，隣り合った国どおしを異なる色でぬるのに，図4は3色で，図5は4色でぬることができます．このことを確かめて下さい．

図4は図6に示すように色分けされ，図5は図7のように色分けされます．

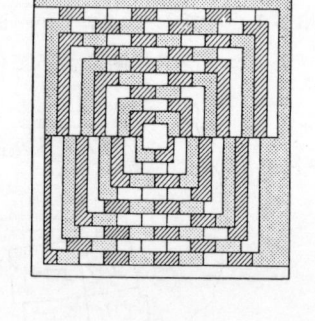

図6

図7

§2．基本的用語

グラフ G において，隣接するどの2点も異なる色になるように G のすべての点に色を付けることを G の**点彩色**といいます．k 個以下の異なる色を用いた G の点彩色を G の **k-点彩色**と呼び，G が k-点彩色できるとき，G は **k-点彩色可能**であると呼びます．グラフ G が k-点彩色可能であって，$(k-1)$-点彩色可能でないとき，G は **k-点染色的**であるといいます．このとき，k を G の**点染色数**と呼び，$\chi(G)$ で表します．つまり，G の点を彩色するのに，少なくとも $\chi(G)$ 個の異なった色が必要ということです．グラフの与えられた彩色において，同じ色をもつ点のすべてからなる集合は**同色点集合**といわれます．

図8のグラフ G_1 の点彩色を考えてみましょう．G_1 において，2点 a, b は隣接しているので，a と b は異なった色を割り当て，たとえば a に色イを，b に色ロを割り当て，したがって，G_1 の彩色に少なくとも2色が必要という

§2. 基本的用語   161

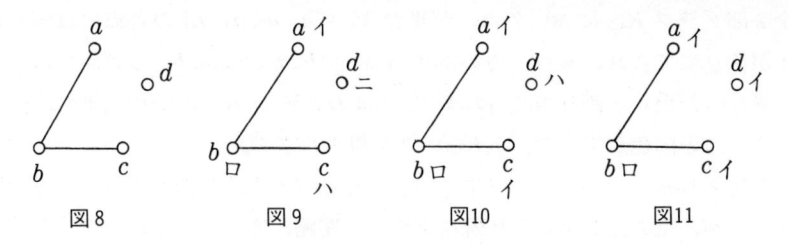

図8   図9   図10   図11

ことがわかります．つまり，$\chi(G_1) \geqq 2$ となります．b と c はまた隣接しているので，c には b に与えた色とは異なった色を割り当てる必要があります．この場合，a と c は隣接していないので，c に割り当てる色は a に割り合てられた色と同じであっても異なっていてもかまいません．図9では a と c に付けられた色は異なっていて，図10, 11では同じ色になっています．d は a, b, c のどの点とも隣接していないので，この点に割り当てる色はどんな色でもかまいません．図9は G_1 の 4-点彩色であり，図10は G_1 の 3-点彩色です．図11は G_1 の 2-点彩色を示していて，$\chi(G_1) \geqq 2$ という事実から，結局 $\chi(G_1) = 2$ ということがわかります．図11の点彩色において，点集合 $\{a, c, d\}$, $\{b\}$ はそれぞれ色イ，ロをもつ同色点集合です．

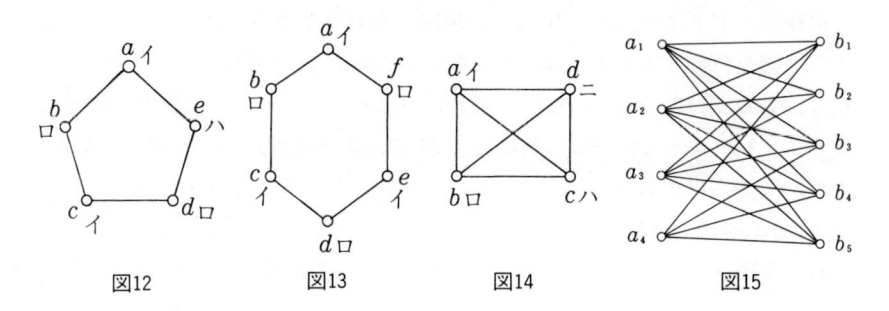

図12   図13   図14   図15

長さ5の閉路 C_5 は，図12のグラフからわかるように，3-点彩色可能ですが，2-点彩色可能ではありません．したがって，点染色数 $\chi(C_5) = 3$ となります．長さ6の閉路 C_6 については，$\chi(C_6) = 2$ となります（図13）．完全グラフの場合，たとえば図14に示した4点完全グラフ K_4 について，a, b, c, d のどの2点も隣接しているので，これら4点にはすべて異なった色を割り当てる必要があります．したがって，$\chi(K_4) = 4$ となります．図15に見られる完

全 2 部グラフ $K_{4,5}$ については，部集合 $V_1=\{a_1, a_2, a_3, a_4\}$ の各点には同じ色イが割り当てられ，もう一方の部集合 $V_2=\{b_1, b_2, b_3, b_4, b_5\}$ の各点には色イと異なった色ロが割り当てられます．つまり，V_1 が $K_{4,5}$ の同色点集合，V_2 がもう一方の同色点集合で，$\chi(K_{4,5})=2$ が得られます．

考えられるすべてのグラフについて，それらの点染色数を求めることは困難ですが，上で見たような特殊なグラフ，閉路，完全グラフ，完全 2 部グラフについての点染色数は簡単に求めることができます．

(1) 長さ n の閉路 C_n に対して，
$$\chi(C_n)=\begin{cases} 2 & (n \text{ が偶数のとき}) \\ 3 & (n \text{ が奇数のとき}), \end{cases}$$
(2) n 点完全グラフ K_n に対して，$\chi(K_n)=n$,
(3) 完全 2 部グラフ G に対して，$\chi(G)=2$.

図 1 で取り上げた地図の色分け問題をグラフを用いて考えてみましょう．各国を点に対応させ，境界線で隣り合った 2 国について対応する 2 点を辺で結ぶことにより，グラフ H が得られます（図16）．H は平面グラフになることに注意して下さい．この H はその地図の**双対グラフ**と呼ばれています．図 1 の地図を色分けすることは，それに対応して H を点彩色することになり，逆に，H の点彩色はもとの地図の色分けにほかならないことは簡単に理解できます．したがって，図 2 に対応して H の点彩色は図17のようになります．さて，H の点染色数はいくらでしょうか．H は長さ 5 の閉路 $C_5:abcdea$ を含み，(1)により $\chi(H) \geq 3$ であることがわかります．点 f は $a, b, \cdots, e$ のいずれにも隣接していることから，f に割り当てる色は $a, b, \cdots, e$ に割り当

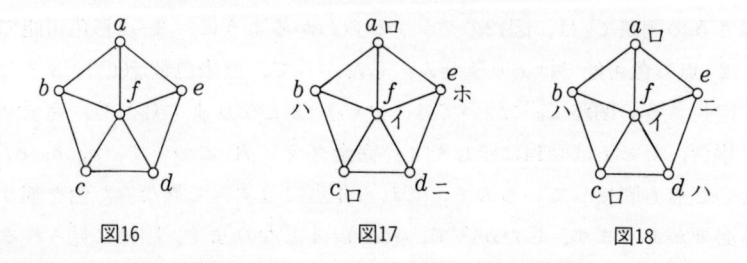

図16　　　　　　　図17　　　　　　　図18

てた色すべてと異なっていることが必要です。よって、$\chi(H) \geqq 4$ であり、実際、図18に示したように4色で点彩色され、結局 $\chi(H)=4$ が得られます。図19は図18の点彩色に基づき、図1を色分けしたものです。

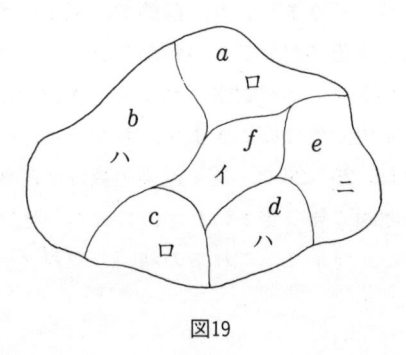

図19

§3. 地図の染色数

> **パズル2** 読者の皆さんの手元にある世界地図（平面上に書かれた地図）を色分けしてみて下さい。このとき幾種類の色を用意すればよいでしょうか。ただし、海は一つの国として考え、また、植民地や飛び地は母国と同じ色でぬっても違った色でぬってもかまわないとします。

このパズルの後半に述べている事を例を用いて少し説明しておきます。図20に示した地図について、c が a と同じ国であったり、i が a の植民地であっ

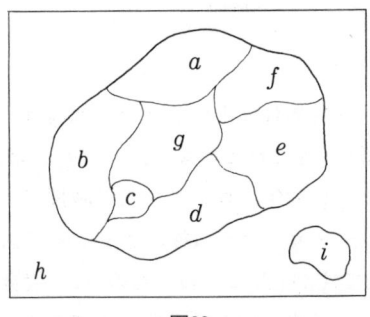

図20

164　第12章　地図の色分け

たりした場合でも，a と c, a と i は隣り合っていないので，これらは同じ色でぬっても，異なった色でぬってもよいものとします．h は海のつもりですが，一つの国として色を割り当てます．

さて，パズル2を考えてみましょう．前節で，図1の地図の色分けを見てきましたがこの地図は4色必要なことがわかりました．図21の地図では2色，図22の地図では3色必要なことが観察されます．図23の地図では3色では色分けできませんが，4色で色分けできます．ちなみに，図21, 22, 23の双対グラフはそれぞれ図24, 25, 26で，各々点染色数は2, 3, 4となります．

今までいくつかの地図で見てきましたが，これらの地図の色分けには最大4色あれば十分でした．つまり，これらの地図の双対グラフの点染色数は4以下ということです．

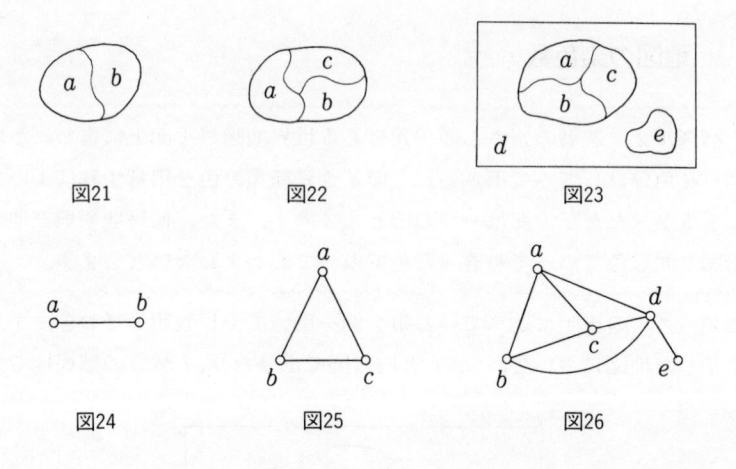

図21　　　　図22　　　　図23

図24　　　　図25　　　　図26

地図の色分けに最大何色あれば十分かという問題は，実は大変古くからあった問題で「4色問題」と呼ばれています．パズル2は，つまり「4色問題」ということになります．1852年，ロンドン大学教授ドゥ・モルガンのところへ，一学生フレデリック・ガスリー（後，エジンバラ大学の物理学の教授）が「兄から聞いた問題ですが」とことわったのち，「境界線で接する国を異なった色でぬるとすれば，必要な色の最大数は4である」ということをどのよ

うに証明すればよいか質問に来たそうです．これが4色問題の起源です．
　この問題が有名になったのは，1878年のロンドン数学会の会合で，ケイレイが未解決な難問として提出して以来のことです．この問題は長い間未解決でしたが，100年後の1976年，アメリカの数学者アッペルとハーケンによって，計算機を総計1200時間も駆使してやっと解決されたそうです．したがって，パズル2の答えは4ということになります．
　図5は，1975年「サイエンティフック・アメリカン」の4月号にガードナーが「4月馬鹿」のいたずらに，「4色問題の反例」として取り上げたものです．もちろん，反例ではなくパズル1で述べたように，実際4色でぬることができます．
　4色問題を直接アタックするなどとても考えられないことなので，簡単に証明できる次の定理：

> **地図の5色定理**　平面上にかかれたどんな地図でも5色以下で色分けできる．

を明らかにしましょう．地図の双対グラフ（平面グラフ）を考えることにより，この定理は次の定理に置き換えることができます．

> **平面グラフの5色定理**　どんな平面的グラフも5-点彩色可能，すなわち，点染色数は5以下である．

この定理の証明には，次に述べる定理が必要で，まずその定理から始めます．

> **平面グラフの次数定理**　3個以上の点をもつどんな平面的グラフも次数5以下の点を含む．

　G を p 個の点 $v_1, v_2, \cdots, v_p$ をもち，q 本の辺をもつ平面的グラフとします．第1章で与えた「握手原理」と第11章で与えた「平面の極大定理」を用いて，

$$\sum_{i=1}^{p} d(v_i) = 2q \leq 2(3p-6) < 6p$$

となります．G の次数の平均値 $(\sum_{i=1}^{p} d(v_i))/p$ は6より小さいことがいえ，G

第12章 地図の色分け

は次数5以下の点を含むということがわかります．

さて，5色定理の証明に進みましょう．平面的グラフの点の個数pに関する数学的帰納法を用います．$p \leq 5$のとき，p個の点をもつ平面的グラフがp-点彩色可能であることは明らかです．今，$p > 5$に対して，p個以下の点をもつ平面的グラフが5-点彩色可能であると仮定し，Gを$p+1$個の点をもつ平面的グラフとします．上の次数定理より，Gは次数5以下の点をもちます．Gが次数4以下の点vをもつならば，$G-v$(Gから点vを除き，それに伴ってvに接続するすべての辺を除いて得られるグラフ)はp個の点をもつ平面的グラフであって，帰納法の仮定から，$G-v$は5-点彩色可能であることがわかり，$G-v$を5色で点彩色したとします．Gの中でvの次数は4以下なので，vに隣接する点を彩色するのに用いられた色の個数は高々4個です．したがって，5色の中で残った色をvに割り当てることにより，Gが5-点彩色可能ということがわかります．

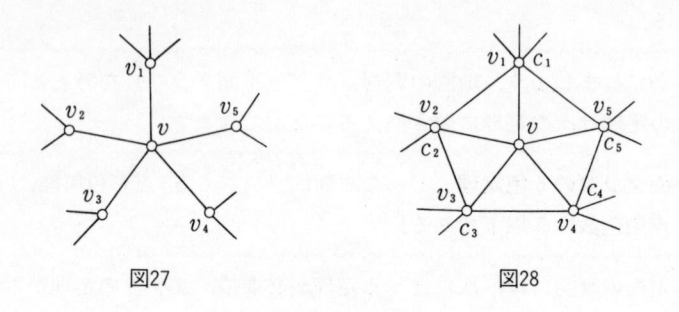

図27   　　　　　　　　図28

そこで，Gの点の最小次数は5であるとします．Gの次数5の点をvとし，vと隣接する点をv_1, v_2, v_3, v_4, v_5とします（図27）．帰納法の仮定から，$G-v$は5-点彩色可能です．$G-v$を点彩色して$v_1, v_2, \cdots, v_5$に割り当てた色はすべて異なっているとします．そうでない場合には，残りの色の一つをvに割り当てることができ，Gは5-点彩色可能となります．それぞれの色を$c_1 = $イ，$c_2 = $ロ，$c_3 = $ハ，$c_4 = $ニ，$c_5 = $ホとすると，一般に$v$の周りの様子は図28のように描くことができます．さて，色を付けかえて隣接するどの点とも違う色をvがもつことを，すなわち$v_1, v_2, \cdots, v_5$の内の少なくとも二つは

同じ色をもつように色のぬりかえができることを証明します。G-v において，色 c_i をもつ同色点集合を X_i とすると，点 v_i は色 c_i をもつので $v_i \in X_i$ です。X_1 と X_3 の和集合 $X_1 \cup X_3$ によって誘導される G-v の部分グラフ H_{13} を考え，点 v_1, v_3 に注目します。

(a) H_{13} において，v_1 と v_3 が連結されていないとき（すなわち，これらの2点の間を結ぶ道がないとき）．このとき，v_1 と v_3 は（H_{13} において）異なる連結成分に属していて，v_1 を含む連結成分を H' とします。H' に属する点の色のぬりかえを行います。つまり，色 c_1 をもつ点を色 c_3 でぬりかえ，色 c_3 をもつ点を色 c_1 でぬりかえます。このような色のぬりかえをしても G-v は 5-点彩色になっていることに注意して下さい。結局，v_1 と v_3 は同じ色 c_3 をもつことになり，v に色 c_1 を割り当てることができます。

(b) H_{13} において，v_1 と v_3 が連結されているとき。このとき，X_2 と X_4 の和集合 $X_2 \cup X_4$ によって誘導される G-v の部分グラフ H_{24} において，v_2 と v_4 は連結されていません。なぜならば，(H_{13} における) v_1 と v_3 を結ぶ道に（G における）二つの辺 $\{v, v_1\}$, $\{v, v_3\}$ を加えてできる閉路で囲まれる有限領域の中に v_2 か v_4 のいずれかが入り両者が共に入ることはないので，H_{24} には v_2 と v_4 を結ぶ道はありません。この2点 v_2, v_4 に対して(a)と同じように色のぬりかえを行うと，v_2 と v_4 は同じ色になり，この色と異なる色（c_2 か c_4 のいずれか）を v に割り当てることができます。

以上により G が 5-点彩色可能であることがわかり，地図の 5 色定理の証明を終えます。

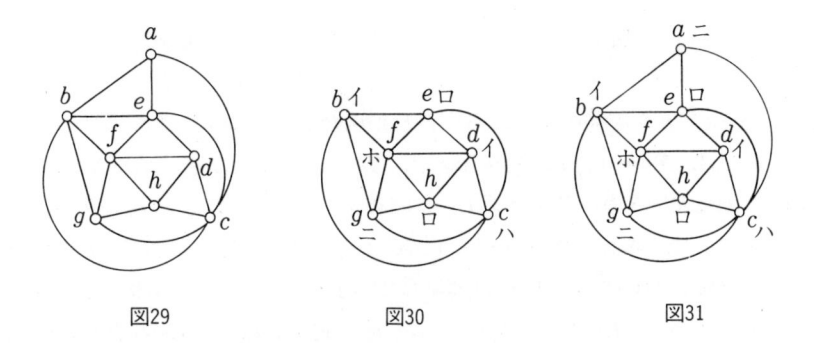

図29

図30

図31

168 第12章 地図の色分け

　上で述べた証明を実際のグラフで説明してみましょう．初めに，4以下の次数の点をもつ平面グラフの例として，図29の次数3の点をもつグラフ G_1 を考えます．次数3の点 a に対して，G_1-a は図30のように色イ，ロ，ハ，ニ，ホを用いて点彩色されます．a に隣接している点 b，c，e の色に用いられていない色ニを a に割り当てることにより，G_1 は図31のように5-点彩色されます．

　次に，最小次数が5であるような平面グラフ G_2 を図32のようにとります．G_2-v を図33のように点彩色をします．このとき，$X_1=\{v_1, v_{10}\}$，$X_3=\{v_3, v_6\}$ となり $X_1\cup X_3=\{v_1, v_3, v_6, v_{10}\}$ により誘導される G_2-v の部分グラフ H_{13} は図34のようになり，明らかに v_1 と v_3 は H_{13} において連結されていません．v_1 を含む H_{13} の連結成分はただ1点 v_1 からなり，v_1 の色 c_1 を c_3 にぬりかえます．最後に，v に色 c_1 を与えることにより G_2 の点彩色として図35が得られます．

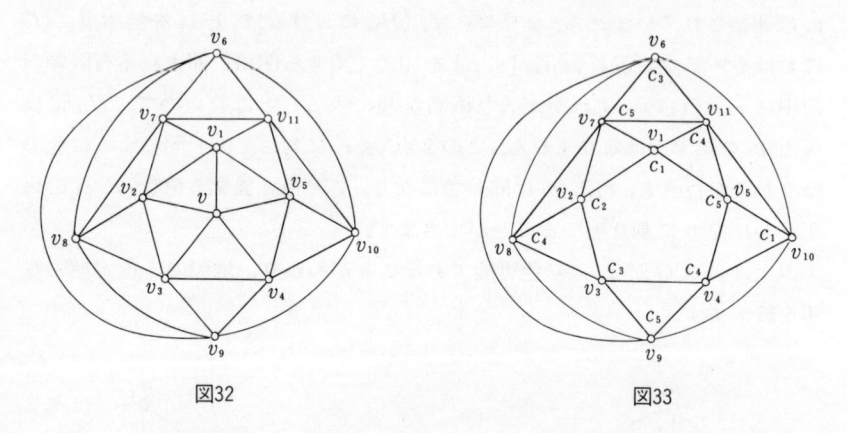

図32

図33

　一方，G_2-v を図36のように点彩色した場合を考えます．この場合，$X_1=\{v_1, v_8, v_{10}\}$，$X_2=\{v_2, v_9\}$，$X_3=\{v_3, v_7\}$，$X_4=\{v_4, v_{11}\}$ となり，$X_1\cup X_3$ により誘導される G_2-v の部分グラフ H_{13} は図37のようになり，v_1 と v_3 が H_{13} において連結しているのが観察されます．$X_2\cup X_4$ により誘導される G_2-v の部分グラフ H_{24} において，v_2 と v_4 は連結していません．つまり，図38で見られるように，グラフ H_{13} における v_1 と v_3 を結ぶ道 $v_1v_7v_8v_3$ に G_2 の辺 $\{v, v_1\}$ と

§3. 地図の染色数　169

$\{v, v_3\}$ を加えてできる閉路 $vv_1v_7v_8v_3v$ により，v_2 と v_4 が分離されているのがわかります．このように，v_2 と v_4 が H_{24} において連結していないので，v_2 を含む H_{24} の連結成分（点 v_2 のみからなる）の中で v_2 の色 c_2 を c_4 にぬりかえ，v に色 c_2 を与えることにより G_2 の5－点彩色として図39が得られます．

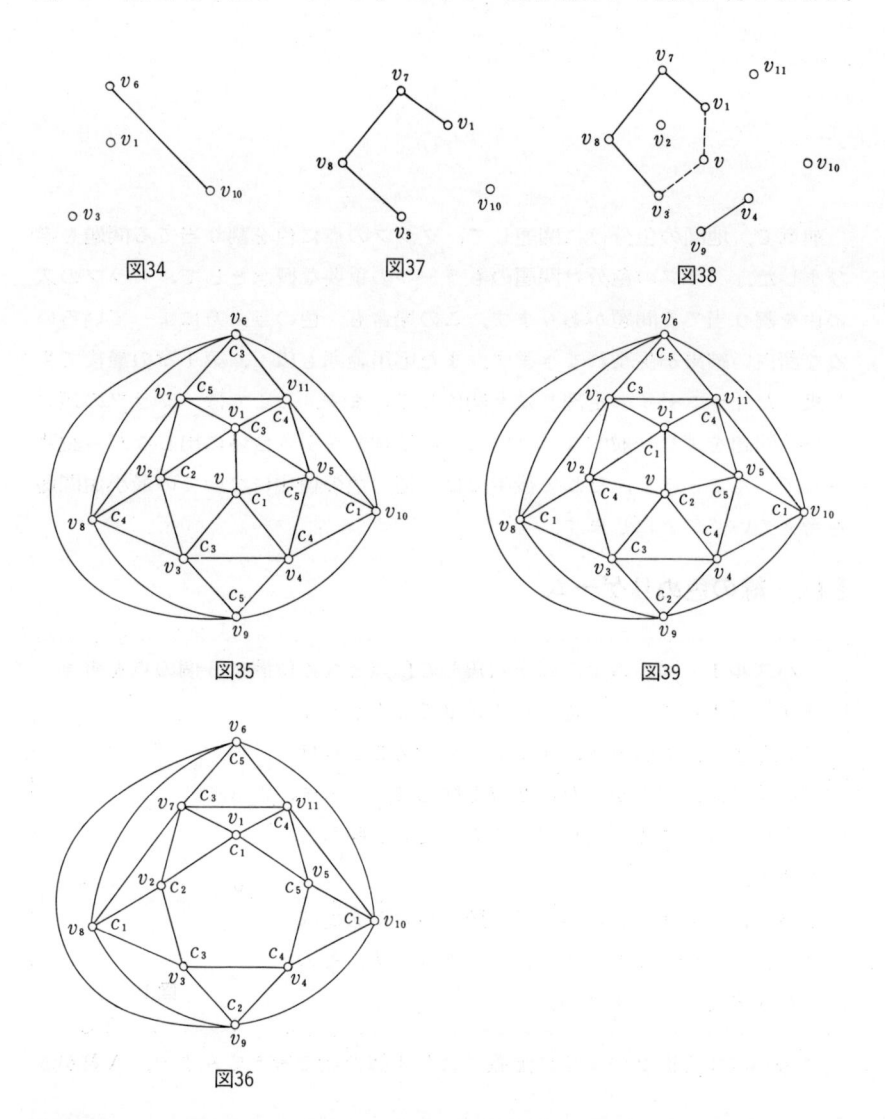

図34

図37

図38

図35

図39

図36

第13章　線の色分け

　前章で，地図の色分けに関連して，グラフの点に色を割り当てる問題を学びました．グラフの色分け問題のもう一つの重要な概念として，グラフの辺に色を割り当てる問題があります．この場合も，色の与え方によっていろいろな面白い結果が生まれてきます．また応用範囲も広く，第1章の最後で少し扱った「ラムゼイの定理」にも関係しています．ここでは，グラフの辺の色分け問題をより一般的な「ラムゼイの定理」を引き合いに出しながら説明をしていくことにし，そして後半では，辺の色の種類についての最小値問題を考えていくことにします．

§1．線の色ぬりゲーム

　パズル1　図1のように正六角形の頂点となる位置に6個の点を書きます．二人がそれぞれ違った色鉛筆で2点を結んでいきます．そのとき，すでに結んである2点は結べません．二人が交互に2点を結んでいくとき，三角形の3辺を先に自分の色でぬった人が勝ちとします．

　さて，このゲームについて，勝ち負けが必ず決まり，引き分けになることはないそうです．そのわけを考えてみて下さい．

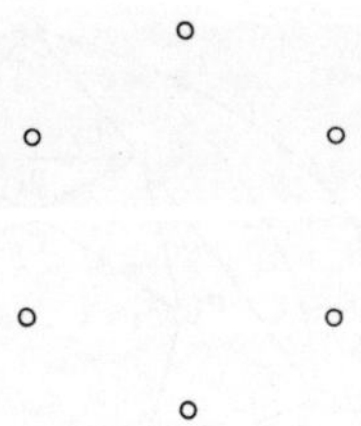

図1

　このパズルを図2のように配置された4個の点で考えてみます．A君が赤

§1. 線の色ぬりゲーム　171

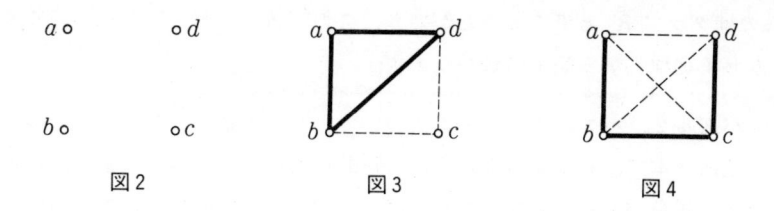

図2　　　　　　図3　　　　　　図4

色（ここでは太い線），B君が青色（ここでは点線）で2点を結ぶとします．A君から始めて，aとbを赤色で結び，次にB君がbとcを青色で結び，さらにA君がbとdを，B君がcとdを結びます．そしてA君がaとdを結ぶことにより，赤色の辺のみからなる三角形（3点a, b, dの完全グラフK_3）が得られ，A君の勝ちとなります（図3）．この場合，ゲームの運び方によっては勝負がつかないことがあります．たとえば，表1のような順序でゲームが進んだときには勝負がつきません．このゲームによって得られた色付きのグラフは図4のようになり，A君もB君も三角形の3辺をすべて自分の色でぬることができなく，引き分けになります．

表　1

1回目	2回目	3回目	4回目	5回目	6回目
Aがaとbを結ぶ	Bがaとcを結ぶ	Aがcとdを結ぶ	Bがbとdを結ぶ	Aがbとcを結ぶ	Bがaとdを結ぶ

以上のことから，パズル1の問題は次のグラフの問題に置き換えられることがわかります．グラフGの辺を着色して，Gの部分グラフHのすべての辺が同じ色（たとえば，赤色）で着色されたならば，Hは**同色の（赤色の）部分グラフ**ということにします．

問題1　6点完全グラフK_6のすべての辺を赤か青で任意に着色するとき，赤色の3点完全部分グラフ（K_6に部分グラフとして含まれる3点完全グラフK_3）か，青色の3点完全部分グラフのいずれかが存在することを証明して下さい．

赤色の3点完全部分グラフをK_3とすると，青色の3点完全部分グラフは

172　第13章　線の色分け

K_3 の補グラフ $\bar{K}_3$ と考えることができ，この問題の証明は第1章の「6点のラムゼイ定理」から簡単にわかります．

> **パズル2**　パズル1のゲームについて，6点で結ぶことのできる線分の数は15本で，したがって15手目に勝敗が決まることがあります．15手目まで勝負がもちこまれる場合とは7本ずつ2色に塗り分けて，同色の三角形が現れない場合ですが，そのような線の塗り分け方法を考えて下さい．

六角形の頂点を a, b, c, d, e, f とし，a と b を結ばないで他の2点はすべて結ばれているとします．つまり，6点完全グラフ K_6 から辺 $\{a,b\}$ を除いたグラフ G を考えます（図5）．G の辺を赤か青で着色し，同色の三角形が現れないようにします．このとき，点 c の次数は5で，c に接続している辺のうち3本以上は同色です．赤色の辺が丁度3本の場合を考えると，図6，7，8に示した3通りがあげられます．図6の場合，辺 $\{d,e\}, \{d,f\}, \{e,f\}$ のうちの1本でも赤色ならば，赤色の三角形が現れます．したがって，これら3本の辺はいずれも青色の辺ですが，これは点 d, e, f をもつ青色の三角形が現れることになり，図6の場合は題意から除外されます．図7についても同じ事情により（辺 $\{a,d\}, \{a,e\}, \{d,e\}$ を考えることにより），題意から除かれます．

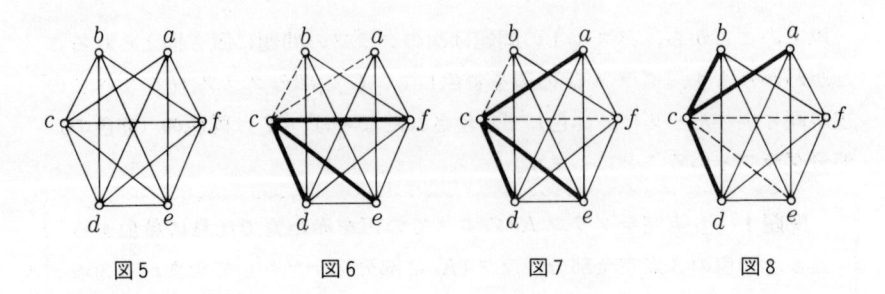

図5　　　　　図6　　　　　図7　　　　　図8

図8については，図9にみられるように辺 $\{e,f\}$ は赤色，辺 $\{a,d\}, \{b,d\}$ は青色でなければなりません．図9において，辺 $\{d,e\}, \{d,f\}$ のいずれも青色で着色すると，4点 a, d, e, f をもつ完全部分グラフの中で引き続きどの

図9   図10

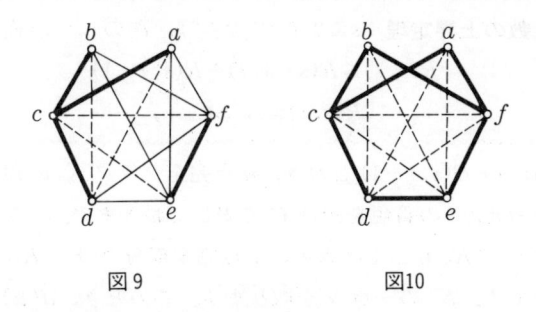

ように着色しても同色の三角形が現れることになります．したがって，辺 $\{d, e\}$ を赤色，辺 $\{d, f\}$ を青色で着色することにします．さらに，辺 $\{a, f\}$, $\{b, f\}$ に赤色，辺 $\{a, e\}, \{b, e\}$ に青色を着色させると，同色の三角形を含まない図10が得られます．この図で2点 a, b を，赤色，青色いずれの辺で結んでも同色の三角形ができることは明らかです．

§2. 同色三角形

　n 点完全グラフ K_n の辺を赤か青でどのように着色しても赤色の $s (\geqq 2)$ 点完全部分グラフ K_s かあるいは青色の $t (\geqq 2)$ 点完全部分グラフ K_t が生じるような n の最小値を**ラムゼイ数**と呼び，$R(s, t)$ で表します．明らかに，$R(s, t) = R(t, s)$ です．後の都合上，$R(1, t) = R(s, 1) = 1$ とします．K_s の辺の赤か青による着色において，青色の辺があるか，すべての辺が赤色かのいずれかということから $R(s, 2) = s$ がわかります．

　パズル1または問題1から，$R(3, 3) \leqq 6$ ということがわかり，図10に含まれる5点 a, c, d, e, f をもつ完全グラフ K_5 が同色の三角形をもっていないことから，$R(3, 3) > 5$ がわかり，結局 $R(3, 3) = 6$ となります．現在のところ，$3 \leqq s \leqq t \leqq 7$ について，次の6個のラムゼイ数しか知られていません．$R(3, 3) = 6, R(3, 4) = 9, R(3, 5) = 14, R(3, 6) = 18, R(3, 7) = 23, R(4, 4) = 18$. 一般的にラムゼイ数を決定することは未解決の問題ですが，エルデスとセケレスは1935年に次の定理を与えました．

第13章 線の色分け

> **ラムゼイ数の上界定理** $s \geq 2, t \geq 2$ ならば，次の二つの式が成り立つ．
> (1) $\qquad R(s, t) \leq R(s-1, t) + R(s, t-1)$
> (2) $\qquad\qquad R(s, t) \leq {}_{s+t-2}C_{s-1}$

$n = R(s-1, t) + R(s, t-1)$ とおき，n 点完全グラフ K_n の辺を赤か青で着色することを考え，この着色を記号 C で表しておきます．この C が赤色の s 点完全部分グラフ K_s もしくは青色の t 点完全部分グラフ K_t を与えることを示せば十分です．K_n の一点 u を取ります．このとき，$d(u) = n - 1 = R(s-1, t) + R(s, t-1) - 1$ より，u に接続している辺のうち，$R(s-1, t) = k$ 本以上の辺が赤色か，そうでなければ $R(s, t-1) = l$ 本以上の辺が青色かです．というのは，赤色の辺の本数が $k-1$ 以下そして青色の辺の本数が $l-1$ 以下ならば，$d(u) \leq (k-1) + (l-1) = n - 2$ となり，$d(u) = n - 1$ に矛盾します．一般性を失うことなく，k 本以上の辺が赤色とし，その内の k 本の辺を $\{u, v_1\}, \{u, v_2\}, \cdots, \{u, v_k\}$ とします．$v_1, v_2, \cdots, v_k$ を点にもつ k 点完全部分グラフ $H = K_k$ の C による辺の着色 C' について，$k = R(s-1, t)$ であることから，C' は赤色の K_{s-1} かあるいは青色の K_t を与えます．もし C' が青色の K_t を与えるならば，C は青色の K_t を与えていることになります．もし C' が赤色の K_{s-1} を与えているならば，辺 $\{u, v_i\}, (i = 1, 2, \cdots, k)$ が赤色の辺であることから，K_n は点 u を含む赤色の s 点完全部分グラフをもちます．結局，$R(s, t) \leq n$ となり(1)が成り立つことがわかります．

$n = s + t$ に関する数学的帰納法によって不等式(2)を証明します．$n \leq 5$ に対して (すなわち $(s, t) = (2, 2), (2, 3), (3, 2)$ に対して)，不等式(2) (実際は等号) が成立しています．$n \geq 6$ として，$s' + t' < n$ なるすべての対 (s', t') に対して(2)が成立していると仮定します．このとき，(1)より

$$R(s, t) \leq R(s-1, t) + R(s, t-1)$$
$$\leq {}_{(s+t-3)}C_{(s-2)} + {}_{(s+t-3)}C_{(s-1)}$$
$$= {}_{s+t-2}C_{s-1}$$

が得られ，定理の証明が終ります．

前節で6点完全グラフの辺を赤色か青色でどのように着色しても同色の三角形が存在することを知りました．そこで，次の問題はいかがでしょうか．

§2. 同色三角形　175

問題2　n 点完全グラフの辺を赤色か青色で着色する場合，同色な三角形は少なくともいくつできるでしょうか．

着色の仕方によって，同色な三角形の個数はいろいろ変動するでしょう．ソーベは次の不等式を与えました．

同色三角形の個数定理　n 点完全グラフの辺を赤色か青色の2色で着色するとき，同色三角形の個数 ρ について，次の不等式が成り立つ．

$$\rho \geq \begin{cases} \dfrac{z(z-1)(z-2)}{3}, & (n=2z \text{ のとき}) \\[4pt] \dfrac{2z(z-1)(4z+1)}{3}, & (n=4z+1 \text{ のとき}) \\[4pt] \dfrac{2z(z+1)(4z-1)}{3}, & (n=4z+3 \text{ のとき}) \end{cases}$$

さらに，これらの等式を与えるような着色が存在する．

この定理の証明をしましょう．n 点完全グラフ $K_n=(V, E)$ の各辺を赤色と青色により着色したとします．K_n の異なった辺の対 $\{e, f\}$ について，

$$h(\{e, f\}) = \begin{cases} 2, & (e \cap f \neq \phi, \text{ かつ } e \text{ と } f \text{ は同色であるとき}), \\ -1, & (e \cap f \neq \phi, \text{ かつ } e \text{ と } f \text{ は同色でないとき}), \\ 0, & (e \cap f = \phi \text{ のとき}), \end{cases}$$

によって定義される関数を導入します．$h(\{e, f\})$ は $\{e, f\}$ の**重み**といわれます．点 v の重みは v に接続する辺のすべての対の重みの和とし，3辺 e, f, g からなる三角形の重みを $h(\{e, f\}) + h(\{e, g\}) + h(\{f, g\})$ で定めます．

たとえば，図11のように着色された K_3 のグラフを考えましょう．（太線は

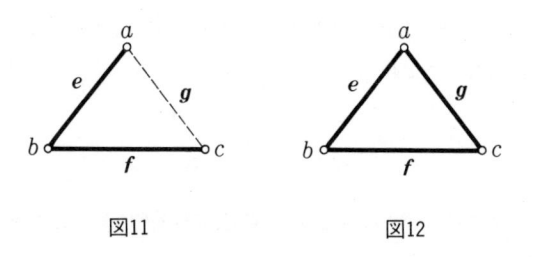

図11　　　　　図12

赤色，点線は青色）．この場合，$e=\{a,b\}$，$f=\{b,c\}$，$g=\{c,a\}$より，$h(\{e,f\})=2$，$h(\{e,g\})=-1$，$h(\{f,g\})=-1$となります．したがって，この三角形の重みは0です．同様に，図12のように着色された三角形の重みは6となります．一般にK_3の着色において，同色の三角形の重みは6となり，そうでない三角形の重みは0となります．しかも，この三角形の重みは三つの頂点の重みの和に等しくなっています．

以上のことから，K_nの着色において，すべての三角形の重みの和はすべての点の重みの和Wに等しくなり，等式$W=6\rho$が得られます．点vに接続する辺のうち，r本が赤色，b本が青色とします．もちろん，$d(v)=n-1=r+b$です．このとき，vの重みはrについての2次式

$$q(r)=2_rC_2+2_bC_2-rb=3r^2-3(n-1)r+(n-1)(n-2)$$

で与えられます．$n=2z, 4z+1, 4z+3$のそれぞれの場合について考えます．$n=2z$の場合，$r=z$のとき$q(r)$は最小値$(z-1)(z-2)$をとり，したがって$W\geq n(z-1)(z-2)=2z(z-1)(z-2)$，すなわち

(3) $$\rho \geq \frac{z(z-1)(z-2)}{3}$$

を得ます．$n=4z+1$の場合は，$r=2z$のとき$q(r)$は最小値$4z(z-1)$をとり，したがって$W\geq(4z+1)4z(z-1)$，すなわち

(4) $$\rho \geq \frac{2z(z-1)(4z+1)}{3}$$

を得ます．$n=4z+3$の場合，$r=2z+1$のとき$q(r)$は最小値を取ります．しかし，すべての点vに対して$r=2z+1$を考えることはできません．というのは，各点vに対しvに接続する辺のうち$2z+1$本が赤色で着色されたとします．このとき，K_nにおける赤色の辺の総数は$(4z+3)(2z+1)/2$であり，この数は整数ではありません．したがって，$4z+2$個の点はすべて$r=2z+1$をとり，残り1個の点は$r=2z$と取ることにより，$W\geq(4z+2)q(2z+1)+q(2z)=4z(z+1)(4z-1)$，すなわち

(5) $$\rho \geq \frac{2z(z+1)(4z-1)}{3}$$

を得ます．

(3), (4), (5)において，等式を与える着色が存在することを次に示します．

§2. 同色三角形　177

n 点完全グラフ K_n の n 個の点を $v_1, v_2, \cdots, v_n$ とし，3点 v_i, v_j, v_k をもつ三角形を Δ_{ijk} と書きます．

（i）　$n=2z$ の場合．$i+j$ が偶数のとき，辺 $\{v_i, v_j\}$ を赤色で，そうでないとき，$\{v_i, v_j\}$ を青色でぬります．この着色 C_1 の中で，Δ_{ijk} が同色のときかつそのときに限り，$i+j, j+k, i+k$ がすべて偶数，つまり Δ_{ijk} は赤色であることがわかります．点 v_i の添字 i が偶数である点は z 個，奇数である点も z 個であることから，C_1 において赤色の三角形は $2_zC_3=z(z-1)(z-2)/3$ 個あることがわかります．

たとえば，6点完全グラフを考えます．$z=3$ より同色（赤色）の三角形は2個現れます（図13）．

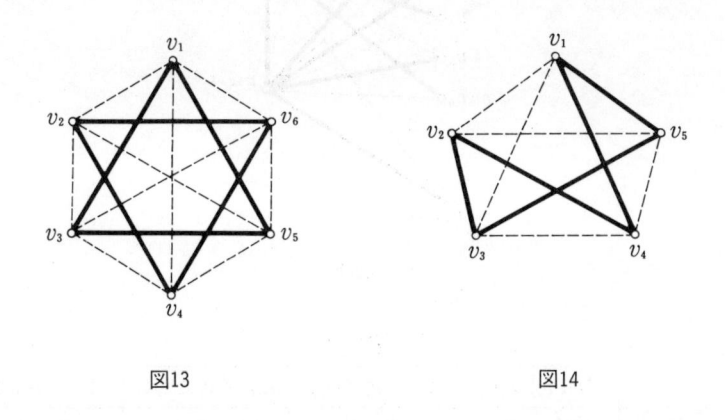

図13　　　　　　　　　　図14

（ii）　n が奇数の場合．n に関する数学的帰納法を用います．図14は $n=5$ について(4)の等式（$\rho=0$）を与える着色を示しています．$n=4z+1$ に対して，(4)の等式が成り立つような $4z+1$ 点完全グラフ K_{4z+1} の辺の着色 C_2 が存在すると仮定します．

（ii a）　$n=4z+3$ のとき．K_{4z+1} に新しい2点 v_{4z+2}, v_{4z+3} を加えた $4z+3$ 点完全グラフ K_{4z+3} を考えます．各 $i=1, 2, \cdots, 4z+1$ に対して，辺 $\{v_i, v_{4z+2}\}, \{v_i, v_{4z+3}\}$ の着色を

$$\{v_i, v_{4z+2}\} \text{ の色} = \begin{cases} 赤, & (i \text{ が偶数のとき}), \\ 青, & (i \text{ が奇数のとき}), \end{cases}$$

$$\{v_i, v_{4z+3}\} \text{ の色} = \begin{cases} \text{青, } (i \text{ が偶数のとき}), \\ \text{赤, } (i \text{ が奇数のとき}) \end{cases}$$

とし,辺 $\{v_{4z+2}, v_{4z+3}\}$ は赤色で着色します(図15).この着色に K_{4z+1} の着色 C_2 を加えた K_{4z+3} の着色を C_3 とします.C_3 において辺 $\{v_{4z+2}, v_{4z+3}\}$ をもつ同色な三角形は存在しません.また,$1 \leq i < j \leq 4z+1$ に対し $\varDelta_{ij4z+2}, \varDelta_{ij4z+3}$ の同色性は辺 $\{v_i, v_j\}$ の赤色,青色に応じて,表2のようになります.したがっ

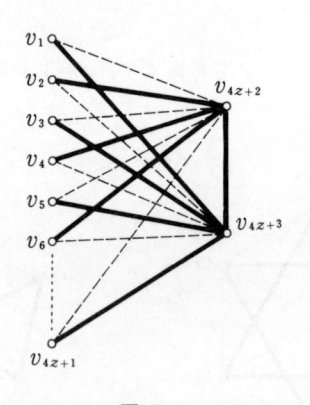

図15

表 2

	$\{v_i, v_j\}$ の色	i, j が共に偶数	i, j が共に奇数	$i+j$ が奇数
$\varDelta_{ij4z+2}$	赤 色	赤 色	同色でない	同色でない
	青 色	同色でない	青 色	同色でない
$\varDelta_{ij4z+3}$	赤 色	同色でない	赤 色	同色でない
	青 色	青 色	同色でない	同色でない

て,v_{4z+2}, v_{4z+3} のいずれかの点を含む(両方は含まない)ような同色の三角形は $_{(2z+1)}C_2 + _{2z}C_2 = 4z^2$ 個存在します.帰納法の仮定により,K_{4z+1} の着色 C_2 における同色な三角形の個数は $2z(z-1)(4z+1)/3$ であり,結局 C_3 における同色三角形はこの数に $4z^2$ を加えて,(5)式の等式を得ます.

$n=7(z=1)$ の場合の例を図16にあげておきます.この図で,$v_1, v_2, \cdots, v_5$ か

§2. 同色三角形

らなる5点完全部分グラフの辺の着色は図14ですでに与えられています．赤色が3個，青色が1個の同色三角形を見つけてみて下さい．

（ⅱ b） $n=4z+5$ のとき．（ⅱ a）で扱った K_{4z+3} に新しい2点 v_{4z+4}, v_{4z+5} を加えて，$4z+5$ 点完全グラフ K_{4z+5} を考えます．K_{4z+3} に含まれない K_{4z+5} の辺の着色を次のように定めます．各 $i=1, 2, \cdots, 4z+2$ に対して，

$$\{v_i, v_{4z+4}\} \text{の色} = \begin{cases} 赤, & (i \text{ が偶数のとき}), \\ 青, & (i \text{ が奇数のとき}), \end{cases}$$

$$\{v_i, v_{4z+5}\} \text{の色} = \begin{cases} 青, & (i \text{ が偶数のとき}), \\ 赤, & (i \text{ が奇数のとき}), \end{cases}$$

$\{v_{4z+3}, v_{4z+4}\}$ と $\{v_{4z+3}, v_{4z+5}\}$ を青色に，$\{v_{4z+4}, v_{4z+5}\}$ を赤色に着色します（図17）．この着色に（ⅱ a）で与えた K_{4z+3} の着色 C_3 を加えた着色を C_4 とします．（ⅱ a）と同じように考えて，$1 \leq i < j \leq 4z+2, k=4z+4, 4z+5$ に対し，同色の三角形 Δ_{ijk} は $2 \cdot {}_{(2z+1)}C_2$ 個あり，また $i=2, 4, \cdots, 4z$ に対し，$\Delta_{i,4z+3,4z+5}$ は青色の三角形で $2z$ 個あります．K_{4z+3} の辺の着色 C_3 は $2z(z+1)(4z-1)/3$ 個の同色な三角形を与えることから，結局，C_4 の下で同色の三角形は

$$\frac{2z(z+1)(4z-1)}{3} + 2 \cdot {}_{(2z+1)}C_2 + 2z = \frac{2z(z+1)(4z+5)}{3}$$

個となり，(4)の等式（z に $z+1$ を代入した等式）が成り立ちます．

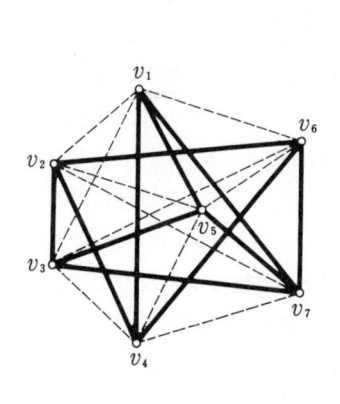

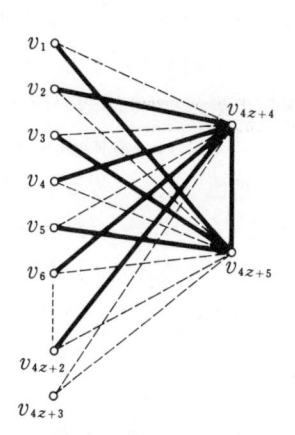

図16　　　　　　　図17

§3. 配電線の識別

最近は各家庭でいろいろな電気製品が使用され，それに伴って多くの電気コードが必要となります．コードが多くなると，いくつかのコードが絡みあってどれとどれが接続しているのか見分けがつきにくくなってきます．次のパズルを試みて下さい．

> **パズル3** いくつかの端子がプレート上に配置されて，端子間をビニール被覆電線で配線するとします．この場合，各端子から接続される端子（複数）があらかじめ決められているとします．配線にあたり，接続される二つの端子に対して，どの線がその二つの端子を結んでいるのか一目でわかるようにしたいとします．その一つの方法として，端子を共有する電線の色（電線を被覆しているビニールの色）を異なったものにすることが考えられます．そこで，電線の色として何種類の色を用意すればよいか考えてみました．各端子に接続される端子の個数について，その最大な個数を $\varDelta$ とします．このとき，準備されるべき電線の色の種類として，少なくとも $\varDelta$ 色必要であり，また必要とされる色の最小個数は $\varDelta+1$ 以下であることがわかりました．そのわけを考えてみて下さい．

配線図は，端子を点に，端子間を結ぶ電線を辺に対応させることにより，グラフとして表現されます．電線の色は対応するグラフの辺のその色の着色を意味します．ここで，辺の色として記号イ，ロ，ハ，…を用いることにします．

図18のグラフ G を配線図を表すグラフとして，パズル3の題意に適するように辺の着色を試みてみます．各点 v_i に接続した辺をすべて異なるように着色します．G において次数の最大値 $\varDelta$ は 4 で，G の辺の着色には少なくとも 4 色必要ということです．実際，色イ，ロ，ハ，ニの 4 色を用いて G を図19のように着色できます．必要とする色の最小個数は 4 となります．

パズル3の解答を一般的に考える前に，基本的な用語の説明をします．グラフ G において，隣接するどの二つの辺も異なる色になるように G の辺を着色することを G の**辺彩色**といいます．G の辺彩色は第12章で述べた点彩色に対応する概念です．k 個以下の異なる色を用いての G の辺彩色を G の

図18　　　　　　　　図19

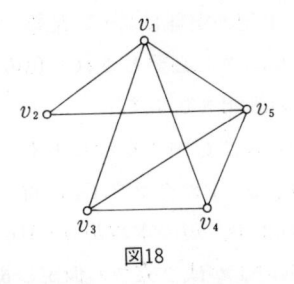

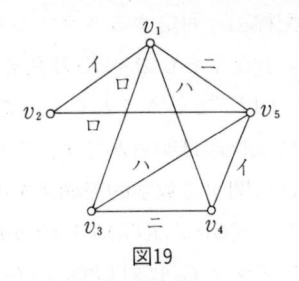

k-辺彩色と呼び，G が k-辺彩色できるとき G は **k-辺彩色可能**であるといいます．グラフ G が k-辺彩色可能であって $(k-1)$-辺彩色可能でないとき，G は **k-辺染色的**であるといいます．このとき，k を G の**辺染色数**と呼び，$\chi'(G)$ で表します．すなわち，G の辺彩色に少なくとも $\chi'(G)$ 個の異なった色が必要ということです．

図20に示したグラフ G_1 の辺彩色を考えてみましょう．G_1 において辺 e と f は隣接しているので，e と f は異なる色を割り当て，たとえば，e に色イ，f に色ロを割り当て，G_1 の辺彩色に少なくとも 2 色が必要ということがわかり，$\chi'(G_1) \geq 2$ となります．辺 f と g も隣接しているので，g には f と異なる色を割り当てる必要があります．この場合，e と g は隣接していないので，g に割り当てる色は e に割り当てられた色と同じであっても異なっていてもかまいません．図21では e と g に着色された色は異なっていて，図22, 23では同じ色になっています．辺 h は辺 e, f, g のいずれとも隣接していないので，この辺に割り当てる色はどんな色でもかまいません．図21は G_1 の 4-辺彩色であり，図22は G_1 の 3-辺彩色です．図23は G_1 の 2-辺彩色を示していて，$\chi'(G_1) \geq 2$ ということから $\chi'(G_1) = 2$ ということがわかります．

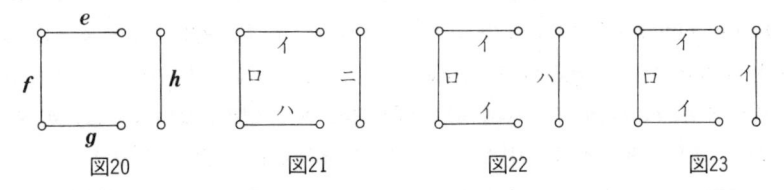

図20　　　　図21　　　　図22　　　　図23

パズル 3 はビジングの定理といわれる次の定理により解決されます．

辺彩色の定理　グラフ G に対し，$\chi'(G)$ は $\Delta(G)$ か $\Delta(G)+1$ のいずれかに等しい．ここで $\Delta(G)$ は G の各点の次数の中で最大なものとする．

G を配線図に対応するグラフとすると,上記の定理により,配線の色の種類として少なくとも $\varDelta=\varDelta(G)$ 色必要であり,また必要とされる色の最小個数は $\varDelta+1$ 以下ということです. この定理の証明をします.

$\chi'(G)\geq\varDelta(G)$ は明らかです. そこで $\chi'(G)\leq\varDelta(G)+1$ を示します. G の辺の本数 q に関する数学的帰納法を用います. $q=1$ のグラフ G_1 に対して,明らかに $1=\chi'(G_1)\leq\varDelta(G_1)+1=2$ が成り立ちます. 辺の本数が $q-1(q\geq2)$ 本からなるグラフ G_2 に対して, $\chi'(G_2)\leq\varDelta(G_2)+1$ が成り立つと仮定します. 辺の本数が q 本のグラフ G から,辺 $e_1=\{v,w_1\}$ を除いたグラフ(このグラフを $G-e_1$ と書きます)を考えます. 帰納法の仮定から, $\chi'(G-e_1)\leq\varDelta(G-e_1)+1$ です. 明らかに, $\varDelta(G-e_1)=\varDelta(G)-1$ または $\varDelta(G)$ です. $\varDelta(G-e_1)=\varDelta(G)-1$ のとき, $\chi'(G-e_1)\leq\varDelta(G)$ より, e_1 を $\varDelta(G)$ 色以外の色でぬることにより, G は $(\varDelta(G)+1)-$ 辺彩色可能で, $\chi'(G)\leq\varDelta(G)+1$ が成り立ちます. $\varDelta(G-e_1)=\varDelta(G)$ のとき,すなわち $\chi'(G-e_1)\leq\varDelta(G)+1$ のときを考えます. $G-e_1$ の各辺には $\varDelta(G)+1$ 個の色の一つが割り当てられているとします. ここで, $H(\lambda,\mu)$ を色 λ あるいは色 μ をもつ辺のすべてからなる $G-e_1$ の部分グラフとします. さらに, $G-e_1$ の点 x に接続するどの辺にもぬられていない色は点 x で欠けていると呼ばれ,このような色の集合を miss(x) と書くことにします. v,w_1 の次数は共に $\varDelta(G)$ より小で, miss(v) および miss(w_1) は共に空ではありません. miss$(v)\cap$miss$(w_1)\neq\phi$ ならば, miss$(v)\cap$miss(w_1) の中の色を辺 e_1 に割り当てることより, G は $(\varDelta(G)+1)$-辺彩色可能ということがわかります. したがって miss$(v)\cap$miss$(w_1)=\phi$ とし, miss(v) から要素 α, miss(w_1) から要素 β_1 を取り,次のような手続きで証明を実行します.

ステップ1 v に接続して色 β_1 をもつ辺を $e_2=\{v,w_2\}$ とします. miss$(v)\cap$miss$(w_1)=\phi$ より,このような辺は存在します. 図24に示すように,辺 e_2 から色 β_1 を消しその代りに辺 e_1 に β_1 を割り当てます. そこで $H(\alpha,\beta_1)$ を考えます. v,w_1,w_2 が $H(\alpha,\beta_1)$ の同じ連結成分に属さないならば, w_2 を含む $H(\alpha,\beta_1)$ の連結成分の中の辺の色(α と β_1)を e_1 の色 β_1 を変えることなしに交換する(α をもつ辺の色を β_1 に, β_1 をもつ辺の色を α にする)ことができ,このことは e_2 に色 α を割り当てることを可能にさせます. ($H(\alpha,\beta_1)$ が w_2 を含まない($\alpha\in$miss(w_2))ときは,直接 e_2 に α を割り当てることが可

図24　　　　　　　　　　　図25

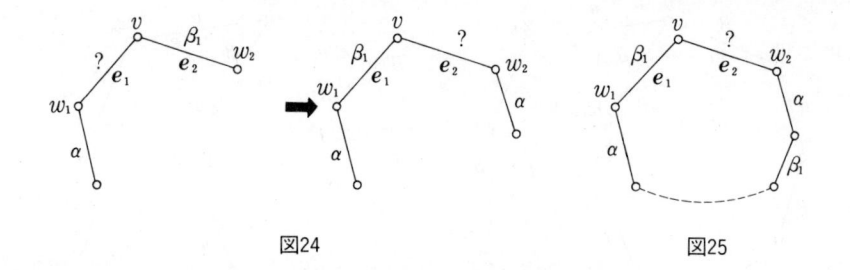

能です．）したがって，G は $(\Delta(G)+1)$-辺彩色可能となります．そこで v，w_1, w_2 はすべて $H(\alpha, \beta_1)$ の同じ連結成分に属するものとします（図25）．

ステップ 2　$\beta_2 (\neq \beta_1)$ を miss(w_2) の要素とします．v に接続する辺 $e_3 = \{v, w_3\}$ が存在して e_3 が色 β_2 をもつと仮定します．もしそうでなければ，e_2 に β_2 を割り当てることができ証明が終ります．そのとき，e_3 から色 β_2 を消し e_2 に β_2 を割り当てます（図26）．ステップ1と同じように考えて，v, w_2, w_3 はすべて $H(\alpha, \beta_2)$ の同じ連結成分に属するものとします（図27）．

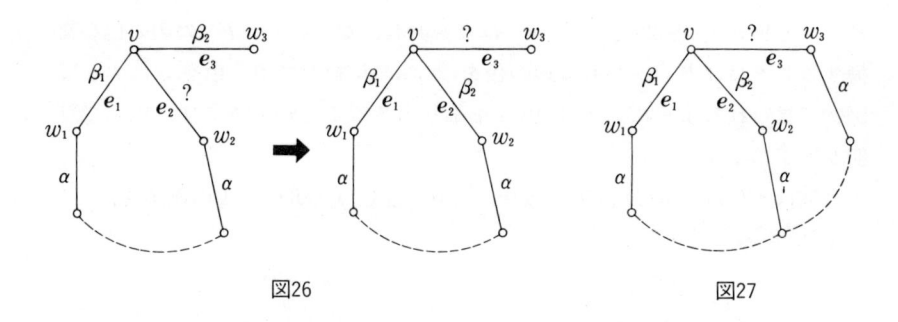

図26　　　　　　　　　　　図27

ステップ 3　上記の手続きを繰り返すことにより，ある k ($3 \leq k \leq d(v)$) に対して点 v に隣接した点 w_k に到達し，次の性質をもちます．

（ⅰ）　$\beta_1, \beta_2, \cdots, \beta_{k-1}$ はすべて異なる色で，v に接続する辺 $e_1, e_2, \cdots, e_{k-1}$ はそれぞれ $\beta_1, \beta_2, \cdots, \beta_{k-1}$ が割り当てられている．

（ⅱ）　辺 $e_k = \{v, w_k\}$ は着色されていない（消去されている）．

（ⅲ）　miss(w_k) は色 α を含まなく，miss$(w_k) - \{\beta_{k-1}\}$ に含まれる色は $\beta_1, \cdots, \beta_{k-2}$ のどれかの色に等しい．

図28   図29

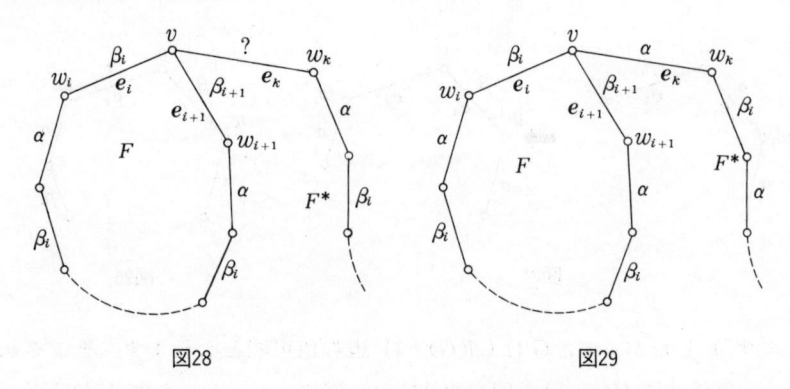

性質(iii)より,ある i $(1\leq i\leq k-2)$ に対して $\beta_i\in\text{miss}(w_k)$ とします.ステップ 1 と同様に考え,点 w_1, w_{i+1} は $H(\alpha,\beta_i)$ の同じ連結成分 F に属するものとします.$\alpha\in\text{miss}(v)$ かつ $\beta_i\in\text{miss}(w_{i+1})$ より,F は v から w_i を通って w_{i+1} に至る道であり,α と β_i により交互に色づけされた辺から成ります.このことと $\beta_i\in\text{miss}(w_k)$ から,この道 F は w_k を含みません.しかし,$\alpha\in\text{miss}(w_k)$ より w_k は $H(\alpha,\beta_i)$ に含まれます.F^* を w_k を含む $H(\alpha,\beta_i)$ の連結成分とします(図28).F と F^* は点を共有しないので,F^* の辺の色を交換することにより(α をもつ辺の色を β_i に,β_i をもつ辺の色を α にする),図29で見られるように辺 e_k に色 α を割り当てることができます.以上で証明が完了します.

図30は $\chi'(G)=\Delta(G)$ の例であり,図31は $\chi'(G)=\Delta(G)+1$ の例です.

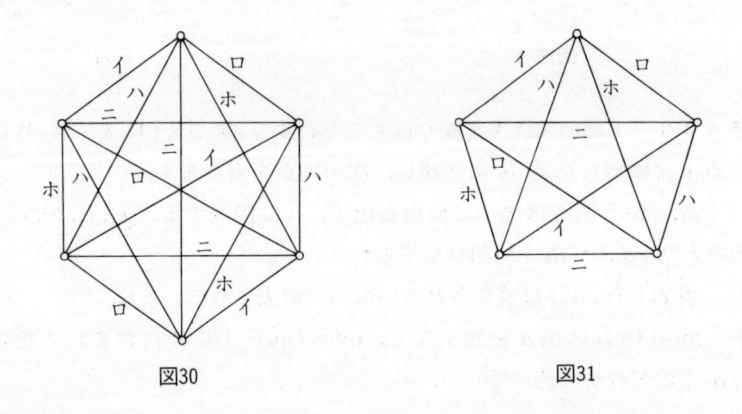

図30   図31

第14章 輸 送 問 題

　夏になると，各地でプールが開かれ，各家庭ではシャワーが多く使用され，各人の飲む水の量も増え，さらには植木への散布などで，水道水の使用量は大幅にアップし，各水道管を通る水の量は平常より急激に増えています．したがって，水道管がもっている固有の性質，つまり，ある一定量以上の水を送ることはできないという性質によって，ある水道管はパンク寸前になっているかもしれません．

　そこで，給水施設として飲料水を最大どのくらい市民に提供できるかをグラフ論の中で考えてみましょう．

§1. 送水量の上限

　給水施設から各家庭，各工場にはりめぐらされた水道管の網（以下，**水道管網**と呼びましょう）は中間施設（貯水槽など），各家庭，各工場などを点とし，相互に接続する水道管を弧とする有向グラフとして表現できることはすぐにわかります．まず最初に，次のパズルを試みて下さい．

　パズル1　給水施設 x からある工場 y に給水されているとします．給水量が多いため，いくつかの中間施設を経て給水されるものとし，図1のようになっているものとします．a, b, c, d, e は中間施設で，矢印で示されている線は水道管を意味し，その隣りに書かれている数字はその水道管を流れる単位時間当りの水の最大容量（**送水可能量**と呼ぶことにし

第14章 輸送問題

図1

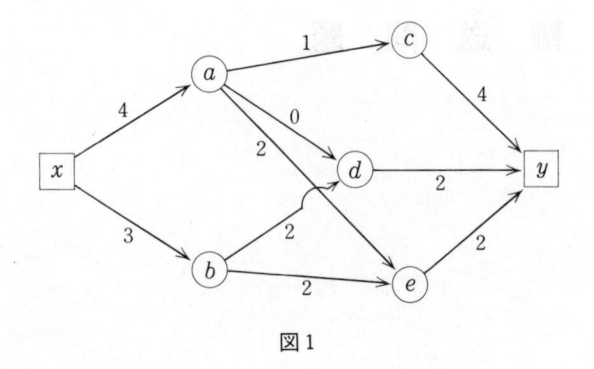

ます）を意味します．たとえば，x から a に単位時間に水を送るのにせいぜい4が限度で，x から b へは3がせいいっぱいということです．

a から d への送水可能量が0ということはこの水道管がこわれて，a から d への送水ができないことを意味しています．

さて，給水施設 x は工場 y に単位時間当り最大どのくらい送水することができるでしょうか．

このパズルの解答はひとまずおいて，もっと簡単な場合で考えてみましょう．ここで，記号を一つ定めておきます．u から v への（u, v は施設，工場，家庭を意味します）送水可能量を $c(u, v)$ と書くことにします．たとえば，図1において，$c(x, a)=4, c(a, d)=0$ です．

図2の場合，x から a に水を送水可能量だけ送ったとしますと，$c(a, y)=2$ ということから，$c(x, a)-c(a, y)=10-2=8$ だけの水が中間施設 a にとどまることになります．すなわち，$c(a, y)<c(x, a)$ より，x から y へは単位時間当り a から y への送水可能量だけしか水を送ることができなく，したがって x から y への水の最大送水量（単位時間当り）は2ということになります．

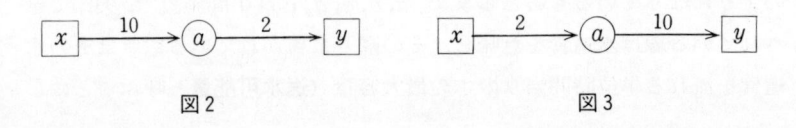

図2   図3

§1. 送水量の上限　187

図3の場合には，$c(a,y)$ が大きくても，$c(x,a)$ が小さいために，やはり x から y への最大送水量は $c(x,a)=2$ ということです。

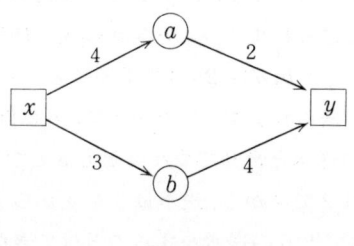

図4

図4について考えてみましょう．上記のことから，$4=c(x,a)>2=c(a,y)$ より x から a を経由して y への送水可能量は2で，一方，$3=c(x,b)<4=c(b,y)$ より x から b を経由して y への送水可能量は3となります．したがって，この場合，x から y への最大送水量は $2+3=5$ ということになります．

以上のことから次の事柄がわかります．

(1) x から $v_1,v_2,\cdots,v_n$ に，さらに $v_1,v_2,\cdots,v_n$ から y に水道管を通して送水されるものとする．このとき，x から y への最大送水量は
$$\sum_{i=1}^{n}\min(c(x,v_i),c(v_i,y))$$
である．

さて，パズル1の解答に移りましょう．x から y への最大送水量を s とします．$c(x,a)+c(x,b)=7$ より，$s\leq 7$ であることは確かです．また，$c(a,c)+c(a,d)+c(a,e)=1+0+2=3<c(x,a)$ より，$s\neq 7$ すなわち $s\leq 6$ であることがわかります．それでは $s=6$ ということになるでしょうか．この場合，(1)より a,b への送水として次の二つの場合が考えられます．

　(I)　x から a への送水量が4であり，x から b への送水量が2である．
　(II)　x から a への送水量が3であり，x から b への送水量が3である．
a から c,d,e への送水可能量の和は $c(a,c)+c(a,d)+c(a,e)=3$ となり，

188 第14章 輸送問題

x から a へ送られる送水量 4 のうち $4-3=1$ は先へ送ることができず，a に留まることになります．したがって(I)の方法では 6 の送水はできません．次に(II)について観察してみましょう．x から a への送水量のうち必ず 1 は c に送られ，残り 2 は e に送られます．x から b に送られる送水量 3 は b で分岐して d, e に送られます．$c(b, d)=2<3$ であることから，b から e には送水量として少なくとも 1 が送られます．したがって，e に向けられる送水量は，a からの送水と b からの送水と合せて少なくとも 3 となります．しかし，e から y への送水可能量は 2 ですから，送水量 3 を e から y に送ることはできません．結局，(II)の方法でも 6 の送水をすることはできなく，$s \leqq 5$ であることがわかります．

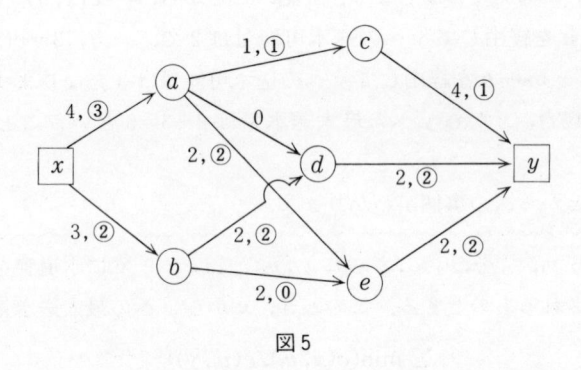

図 5

$s=5$ であることは次のようにしてわかります．図 5 を見て下さい．矢印のそばに書かれている丸で囲まれた数字は実際に送る水の量を表しています．x から a にまず 3 の送水量を送り，a から c に 1，a から e に 2 送水します．また，x から b には 2 送り，それをそのまま d まで送ります．このようにして c, d, e に送られた水は図 5 で示されるように y に送水することができます．もう一つの送水の仕方が図 6 に示されています．結局，給水施設 x が工場 y に送られる水の最大量は 5，すなわちパズル 1 の答えは 5 ということです．

図6

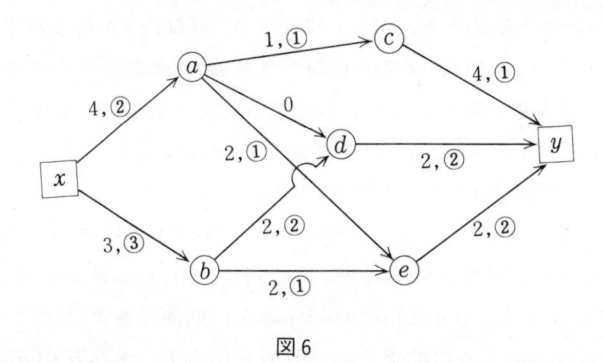

§2. 基本的用語

　二つの特別な点 x, y を含む点集合 V と弧集合 A をもつ有向グラフ D を考えます．ここでは，D はループも対称弧ももたないとします．A の上に負でない実数を値にとる関数 c が定められている，つまり，D の各弧にある数（負でない実数）が付与されているとき，D と c の対 $N=(D, c)$ を**ネットワーク**と呼びます．x を N の**ソース**，y を N の**シンク**といい，x, y 以外の D の点を N の**中間点**といいます．以後，断わらないかぎりネットワークのソースを x，シンクを y，さらに中間点からなる集合を I で記述することにします．関数 c を**容量関数**といい，弧 $a=(u, v)$ に付与された c による値 $c(a)=c(u, v)$ を a の**容量**といいます．

　図7に示された有向グラフ D_1 に対し，容量関数 c として，$c(x, s)=3$, $c(x, u)=1, c(t, x)=1, c(t, v)=2, c(s, t)=2, c(s, y)=1, c(y, t)=1, c(u, v)$

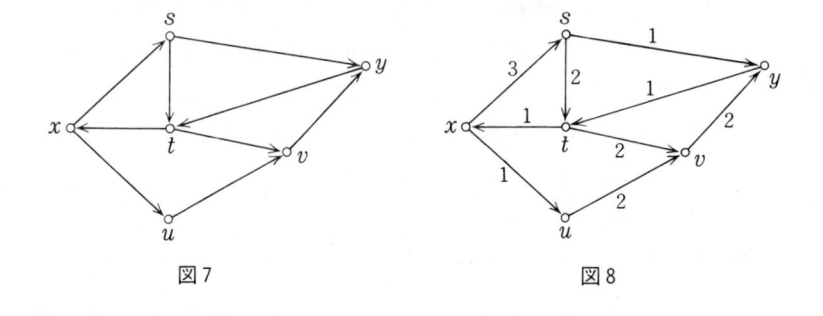

図7　　　　　　　　　　　図8

$=2, c(v,y)=2$ と定めると，ネットワーク $N_1=(D_1, c)$ が得られます．このネットワーク N_1 の図示は，図7の有向グラフ D_1 の各弧のすぐそばに，弧に対応する c の値を書き込むことによって得られます（図8）．x はソース，y はシンクであり，4点 s, t, u, v は中間点で $I=\{s, t, u, v\}$ となります．たとえば，弧 (s, t) の容量は2ということです．

便利な記法を導入しましょう．有向グラフ $D=(V, A)$ について，弧集合 A の上で定義された関数 g を，$u, v\in V$ に対し，$(u, v)\notin A$ のとき，$g(u, v)=0$ と定めて，$V\times V=\{(u, v)|u, v\in V\}$ の上に拡張します．（ここで取り扱う A 上の関数はこのように拡張されたものとします．また $\boldsymbol{a}=(u, v)$ のとき，簡単に $g(\boldsymbol{a})=g(u, v)$ とします．）そうすると，V の部分集合 X, Y に対し，$X\times Y=\{(u, v)|u\in X, v\in Y\}$ の中のすべての要素についての和

$$\sum_{(u,v)\in X\times Y} g(u, v)$$

が定まり，この和を $g(X, Y)$ と書きます：

$$\sum_{(u,v)\in X\times Y} g(u, v)=g(X, Y)$$

特に，$X=\{u\}$ のときは $g(X, Y)=g(u, Y)$ と書きます．このとき V の部分集合 X, Y_1, Y_2 に対し，$Y_1\cap Y_2=\phi$ のとき，

(2) $\qquad g(X, Y_1\cup Y_2)=g(X, Y_1)+g(X, Y_2)$

が成り立ちます．

さて，容量関数 c をもつネットワーク N に対して，N の弧集合 A の上で定義された実数値関数 f が次の二つの条件

(i)　すべての弧 $\boldsymbol{a}\in A$ に対し，$0\leq f(\boldsymbol{a})\leq c(\boldsymbol{a})$,

(ii)　すべての中間点 $v\in I$ に対し，$f(V, v)=f(v, V)$,

を満たすとき，f を N の**流れ**といいます．ここに V は N の点集合です．条件(i)は，弧 $\boldsymbol{a}$ に対応する水道管を流れる水量 $f(\boldsymbol{a})$ はその水道管の固有の性質で定まる送水可能量 $c(\boldsymbol{a})$ を越えないことを意味しています．条件(ii)について，もう少し細かく見てみましょう．中間点 v に隣接している点が $u_1, u_2, \cdots, u_m$ であるとし，$w_1, w_2, \cdots, w_n$ は v から隣接しているすべての点であるとします（図9）．このとき，条件(ii)は

(3)　$f(u_1, v)+f(u_2, v)+\cdots+f(u_m, v)=f(v, w_1)+f(v, w_2)+\cdots+f(v, w_n)$

図9

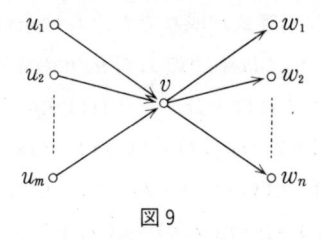

となります．つまり，$f(u_i, v)$ を点 u_i から水道管に対応する弧 (u_i, v) を通って点 v に流れ込む水の量，さらに $f(v, w_j)$ を v から水道管に対応する弧 (v, w_j) を通って w_j に流れ出る水の量と考えると，(3)式は $u_1, u_2, \cdots, u_m$ から v に流れ込む水は v に留まることなく v から分岐して $w_1, w_2, \cdots, w_n$ に同じ水量だけ流れ出ることを意味します．したがって，条件(ii)は流れの**保存則**と呼ばれています．

図8で与えたネットワーク N_1 を例にして流れ f を見てみましょう．以後，弧 a 上の流れ $f(a)$ を図の中では，$\widetilde{f(a)}$ のように丸で囲って示すことにします．すべての弧 $a \in A$ に対して，$f_1(a) = 0$ と定義された関数 f_1 は条件(i), (ii)を満たし，f_1 は N_1 の流れです（図10）．これは各弧に何も流さないことを意味しておりつまらない例です．しかし，これは任意のネットワークは少なくとも一つの流れをもつことを示している例ともいえます．図11はもう一つの流れの例で，条件(i), (ii)が満足されていることを見てみましょう．図において，各弧に示された丸で囲った数を値にもつ弧集合上の関数を f_2 とします．$f_2(x, s) = 2 < 3 = c(x, s)$, $f_2(t, x) = 1 = c(t, x)$, $f_2(s, t) = 1 < 2 = c(s, t)$ となり，

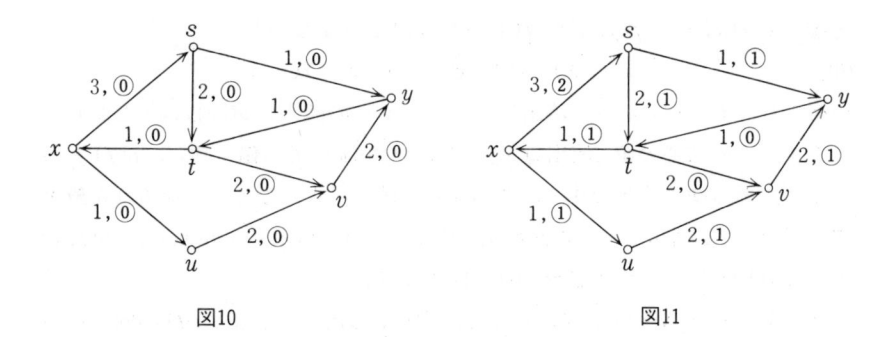

図10　　　　　　　　　　　図11

他の弧についても同様な不等式が成り立ち，f_2 は条件(i)を満たすことがわかります．次に条件(ii)については中間点 s, t, u, v の4点に関し，流れの保存則が満たされることを観察すれば十分で，それは次のようにしてわかります．

$$f_2(V, s) = f_2(x, s) = 2 = f_2(s, t) + f_2(s, y) = f_2(s, V),$$
$$f_2(V, t) = f_2(s, t) + f_2(y, t) = 1 = f_2(t, x) + f_2(t, v) = f_2(t, V),$$
$$f_2(V, u) = f_2(x, u) = 1 = f_2(u, v) = f_2(u, V),$$
$$f_2(V, v) = f_2(t, v) + f_2(u, v) = 1 = f_2(v, y) = f_2(v, V).$$

以上で f_2 は条件(i),(ii)を満たすことがわかり，f_2 はネットワーク N_1 の流れです．

図11を観察すると，

(4) $\quad f_2(x, s) + f_2(x, u) - f_2(t, x) = f_2(s, y) + f_2(v, y) - f_2(y, t)$

という等式が成り立つことがわかります．(4)式の左辺はソース x からの流出量であり，右辺はシンク y への流入量であってこの等式は流出量と流入量が等しいことを意味しています．こういった事情は任意のネットワークにおけるどのような流れ f に関しても成り立ちます．それは，まず $f(V, V)$ を2通りの方法で書き表します：

(5) $\quad f(V, V) = \sum_{u \in V} f(u, V) = \sum_{v \in V} f(V, v)$

つぎに，

$$\sum_{u \in V} f(u, V) = f(x, V) + \sum_{v \in I} f(v, V) + f(y, V),$$
$$\sum_{v \in V} f(V, v) = f(V, x) + \sum_{v \in I} f(V, v) + f(V, y).$$

中間点 $v \in I$ については，条件(ii)より，$f(v, V) = f(V, v)$ となり，それに(5)を考慮して $f(x, V) + f(y, V) = f(V, x) + f(V, y)$ すなわち，

(6) $\quad f(x, V) - f(V, x) = f(V, y) - f(y, V)$

が得られ，ソース x からの流出量とシンク y への流入量が等しいことがわかります．この共通の値（流出量又は流入量）を流れ f の**値**と呼び，$v(f)$ と書きます．あらゆる流れの中で，その流れの値が最大となるような流れを**最大流**と呼びます．図10に示した流れ f_1 の値は $v(f_1) = f_1(x, s) + f_1(x, u) - f_1(t, x) = 0$．図11の場合には $v(f_2) = 2 + 1 - 1 = 2$ です．

ネットワーク $N = (D, c)$ に対して，f を N の流れとします．D の同じ点が

2 度以上現れない半歩道（このような半歩道は**半道**と呼ばれています）P：$v_0 v_1 \cdots v_{n-1} v_n$ が f に関して**非飽和**であるというのは，$1 \leq i \leq n$ となる各 i について，

(iii) (v_{i-1}, v_i) が P 上の弧であるとき（(v_{i-1}, v_i) が P 内の前向きの弧であるとき），$f(v_{i-1}, v_i) < c(v_{i-1}, v_i)$,

(iv) (v_i, v_{i-1}) が P 上の弧であるとき（(v_i, v_{i-1}) が P 内の逆向きの弧であるとき），$f(v_i, v_{i-1}) > 0$,

が成り立つときです．特に，自明な半（歩）道は非飽和とします．もし P が f に関して非飽和な x-y 半道 (x は N のソース，y はシンク) ならば，P は f に関する**増大半道**と呼ばれています．

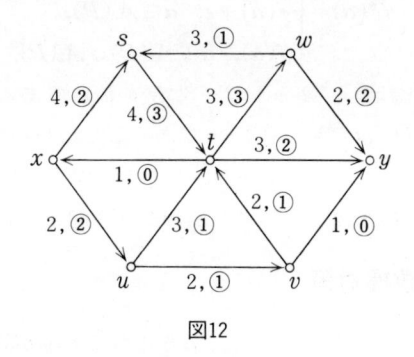

図12

図12のネットワーク $N_2 = (D_2, c)$ とその流れ f_3 について，上記の事柄を観察しましょう．D_2 の半道 P_1: $wstuv$ について，$(w, s), (s, t), (u, v)$ が P_1 内の前向きの弧であり，$f_3(w, s) < c(w, s)$, $f_3(s, t) < c(s, t)$, $f_3(u, v) < c(u, v)$ が成り立つ，また (u, t) は P_1 内の逆向きの弧であり，$f_3(u, t) > 0$ が成り立つので，P_1 は f_3 に関して非飽和です．しかし，半道 P_2: $uvtw$ は f_3 に関して非飽和ではありません．というのは (t, w) が P_2 内の前向きの弧であって，$f_3(t, w) = c(t, w)$ だからです．また $f_3(t, x) = 0$ ですから，半道 P_3: $xtuv$ も f_3 に関して非飽和ではありません．x-y 半道 P_4: $xstvy$ は f_3 に関する増大半道ですが，別の x-y 半道 P_5: $xuvy$ は f_3 に関する増大半道ではありません．というのは $f_3(x, u) = c(x, u)$ だからです．

最大流と増大半道との間には次の関係があります．

命題1 ネットワーク $N=(D,c)$ に対し, f が N の最大流ならば, D は f に関する増大半道をもたない.

D が f に関する増大半道 $P : v_0(=x)v_1\cdots v_{n-1}v_n(=y)$ をもつとします. P 内の前向きの弧の集合を $A_1(P)$, 逆向きの弧の集合を $A_2(P)$ と書き, $A_1(P)$ のすべての弧 $\boldsymbol{a}$ についての $c(\boldsymbol{a})-f(\boldsymbol{a})$ の最小値を ε_1 ($A_1(P)=\phi$ のときは $\varepsilon_1=\infty$), $A_2(P)$ のすべての弧 $\boldsymbol{a}$ についての $f(\boldsymbol{a})$ の最小値を ε_2 ($A_2(P)=\phi$ のときは $\varepsilon_2=\infty$) とおき, $\varepsilon=\min(\varepsilon_1,\varepsilon_2)$ ととります. この ε を用いて, P 上の流れを次のように変更します.

(7) $$f^*(\boldsymbol{a}) = \begin{cases} f(\boldsymbol{a})+\varepsilon, & \boldsymbol{a}\in A_1(P), \\ f(\boldsymbol{a})-\varepsilon, & \boldsymbol{a}\in A_2(P), \\ f(\boldsymbol{a}), & \boldsymbol{a}\notin A_1(P)\cup A_2(P). \end{cases}$$

f^* は条件(i)と(ii)を満足し, ネットワーク N の流れであることは簡単にチェックできます. しかも $v(f^*)=v(f)+\varepsilon$ であることがわかり, P が f に関する増大半道ということから $\varepsilon>0$ であり, したがって $v(f^*)>v(f)$ となります. このことから, f は最大流でないことがわかり命題1の証明を終ります.

§3. 最大限の救援対策

梅雨や台風シーズンになりますと, あちこちで大雨が降り, 橋が落ちたり, 道路がこわれたりして交通が遮断されます. そこで次のパズルを試みて下さい.

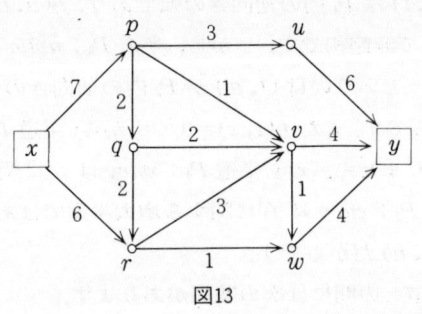

パズル2 対策本部 x から災害地 y に図13に示した輸送路を通って

図13

救援物資を運ぶものとします．各輸送路上の数字はその路に許される最大輸送可能トン数です．p, q, r, u, v, w は中継基地です．このとき，x から y に物資を最大何トン運び込むことができるでしょうか．ただし，各路での輸送回数は高々一度だけとします．

このパズルは次の問題に置き換えることができます．

問題 1 図13で与えたネットワークのもつあらゆる流れの中で，流れの値の最大値はいくらか．

この問題の解答は後回しにして，一般的な事柄から始めましょう．N をソース x，シンク y をもつネットワークとし，V を N の点集合，A を弧集合，c を容量関数とします．x を含み y を含まない V の部分集合 X に対し，A の部分集合 $(X, X^c) = \{(u,v) \in A | u \in X, v \in X^c\}$ を定義します（X^c は X の補集合）．この集合は N における**カット**と呼ばれています．カット (X, X^c) に属する弧の容量の和，

$$c(X, X^c) = \sum_{a \in (X, X^c)} c(a)$$

はカット (X, X^c) の**容量**といいます．あらゆるカットの中で，その容量が最小となるようなカットを最小カットと呼びます．f を N の任意の流れ，(X, X^c) を N の任意のカットとします．このとき $V = X \cup X^c$ であり，(2)より $f(X, X^c) + f(X, X) = f(X, V)$，$f(X, X) + f(X^c, X) = f(V, X)$ となることから，

$$f(X, X^c) - f(X^c, X) = \{f(X, X^c)\} + f(X, X)\} - \{f(X, X) + f(X^c, X)\}$$
$$= f(X, V) - f(V, X) = f(x, V) - f(V, x) = v(f)$$

となります．この3番目の等式を導びくのに，条件(ii)が用いられ，また $x \in X, y \in X$ であることに注意して下さい．条件(i)により，$f(X, X^c) \leq c(X, X^c)$，$f(X^c, X) \geq 0$ であり，以上のことをまとめると，

ネットワーク N の任意の流れ f と任意のカット (X, X^c) に対して，

(8) $\qquad v(f) = f(X, X^c) - f(X^c, X) \leq c(X, X^c)$

が成り立つ．

ネットワーク N の最大流を f^*, 最小カットを (X^*, X^{*c}) とすると, (8)より

(9) $$v(f^*) \leq c(X^*, X^{*c})$$

が成り立つことがわかります. ある流れ f とあるカット (X, X^c) に対して, $v(f) = c(X, X^c)$ が成り立つとしますと, (9)により $v(f) = v(f^*) = c(X^*, X^{*c}) = c(X, X^c)$ がいえ, 結局, 次のことがわかります.

命題 2 f を容量関数 c をもつネットワーク N の流れとします. あるカット (X, X^c) に対し, $v(f) = c(X, X^c)$ ならば, f は最大流, (X, X^c) は最小カットである.

図14

図15

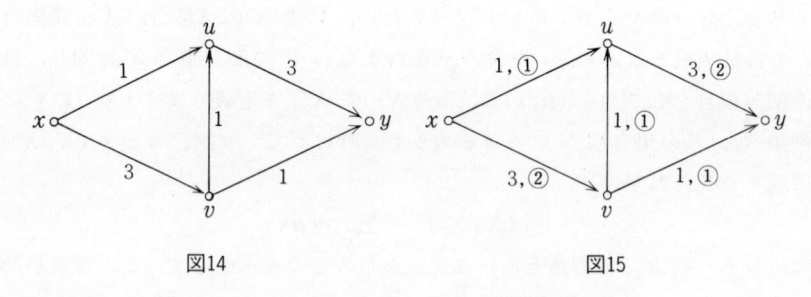

図14のネットワークに対して, その流れ f_4 を図15で示します. このとき, $v(f_4) = f_4(x, u) + f_4(x, v) = 3$ となります. $X = \{x, v\}$ とすると, カット (X, X^c) の容量 $c(X, X^c) = c(x, u) + c(v, y) + c(v, u) = 1 + 1 + 1 = 3$ となり, $v(f_4) = c(X, X^c)$ が成り立ちます. 命題2により, f_4 はこのネットワークの最大流, $c(X, X^c)$ は最小カットであることがわかります.

命題1の逆を命題2を用いて示すことができます.

命題 3 f をネットワーク $N = (D, c)$ の流れとする. このとき, D が f に関する増大半道をもたないならば, f は最大流である.

ソース x で始まる $x-u$ 半道が f に関して非飽和となるような点 u の集合を X とします. すなわち $X = \{u \in V(D) | x-u$ 半道は f に関して非飽和である$\}$. このとき, $x \in X$ であり, D が f に関する増大半道をもたないので, $y \notin X$ です. よって (X, X^c) は N のカットです. (X, X^c) の任意の元

(v, w) について，$w \in X^c$，すなわち $w \notin X$ なので，x-w 半道は f に関して非飽和でなく，一方 $v \in X$ より，x-v 半道は f に関して非飽和となり，結局 $f(v, w) = c(v, w)$ ということがわかります．(X^c, X) の任意の元 (v, w) についても，同じ理由により，$f(v, w) = 0$ であり，したがって，$f(X, X^c) = c(X, X^c)$，$f(X^c, X) = 0$ が得られます．この結果と(8)から，$v(f) = c(X, X^c)$ が得られ，命題 2 より f は最大流であることが証明されました．

命題 1 と 3 を併せて次の定理となります．

> **最大流の定理**　ネットワーク $N = (D, c)$ に対して，f が N の最大流であるための必要十分条件は，D が f に関する増大半道をもたないことである．

さて，命題 2 の逆が成り立つこと，すなわち1956年にフォードとフルカーソンにより与えられた次の定理を証明しましょう．

> **最大流最小カットの定理**　任意のネットワークに対して，最大流の値は最小カットの容量に等しい．

f をネットワーク $N = (D, c)$ の最大流とすると，「最大流の定理」により D には f に関する増大半道がありません．命題 3 の証明の中で見たように，$f(X, X^c) = c(X, X^c)$，$f(X^c, X) = 0$ となる D の点集合の部分集合 X が存在します．したがって，$v(f) = c(X, X^c)$ となり，命題 2 より (X, X^c) は最小カットとなり求める結論が得られます．

パズル 2 すなわち問題 1 の解答をすることにしましょう．図13で与えたネットワークを $N_3 = (D_3, c)$ とします．最初に N_3 のすべての弧の上の流れが 0 となる流れ f を考えます（図16）．この場合，f に関する増大半道で，たとえば，半道 $P_1 : xpuy$ をとると，(7)式の前に現れる $\varepsilon_1, \varepsilon_2$ は $\varepsilon_1 = 3$，$\varepsilon_2 = \infty$ となり，(7)により図17に示した流れ f_1^* が得られます．図17において，f_1^* に関する増大半道 $P_2 : xpvy$ を考えます．そのとき $\varepsilon = 1$ となり図18に示された流れ f_2^* が得られます．つづいて，この図から増大半道 $P_3 : xpqrvy$（$\varepsilon = 2$）をとって流れ f_3^*（図19）が得られ，図19から増大半道 $P_4 : xrwy$（$\varepsilon = 1$）をとって流れ f_4^*（図20）が得られます．さらに，図20で f_4^* に関する増大半道 $P_5 : xrqvy$

198　第14章　輸送問題

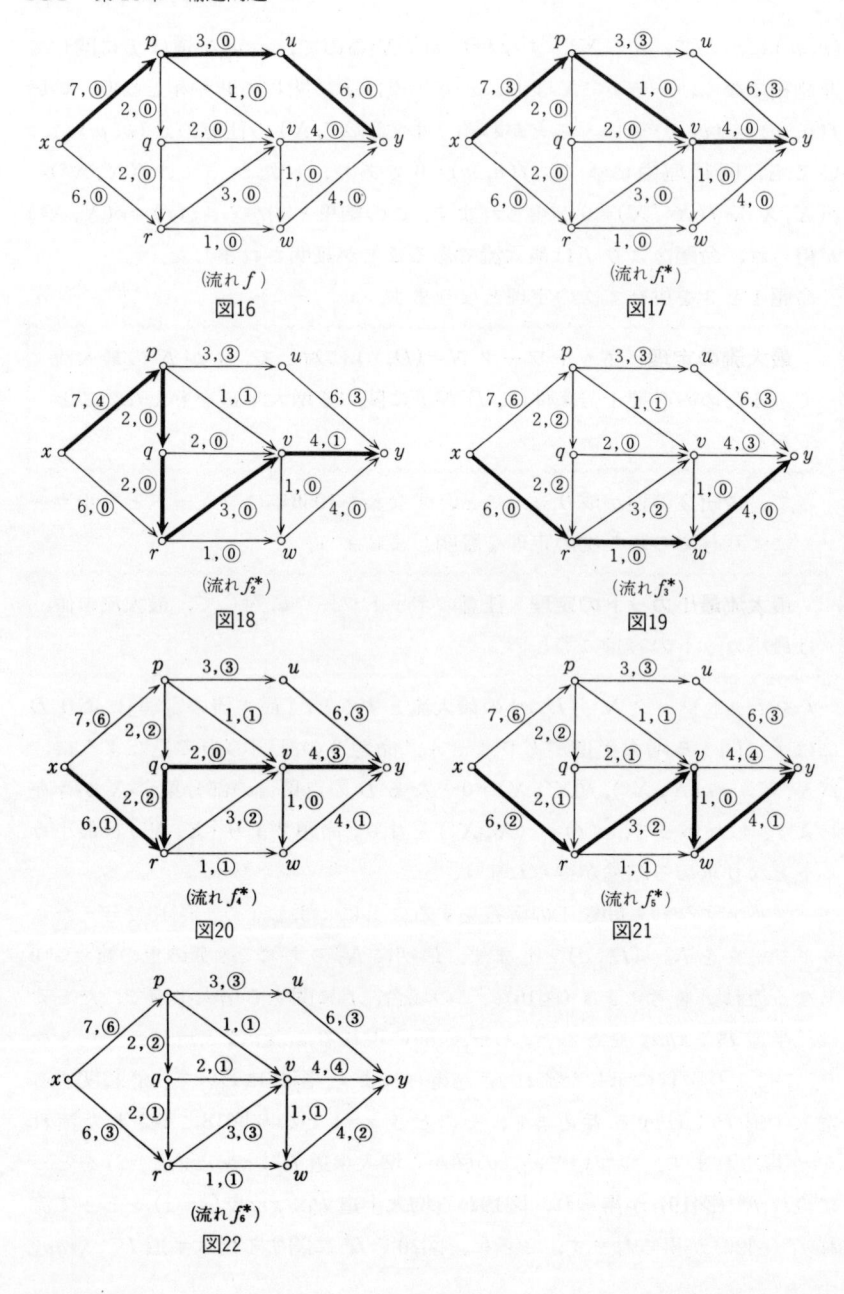

(流れ f)
図16

(流れ f_1^*)
図17

(流れ f_2^*)
図18

(流れ f_3^*)
図19

(流れ f_4^*)
図20

(流れ f_5^*)
図21

(流れ f_6^*)
図22

を見つけることができ，P_5 の中で弧 (q, r) のみが逆向きより $\varepsilon_2 = 2$，そして弧 $(x, r), (q, v), (v, y)$ は前向きより $\varepsilon_1 = 1$ となり，図21で示された流れ f_5^* が得られます．最後に，この図から増大半道 $P_6 : xrvwy (\varepsilon = 1)$ をとって流れ f_6^*（図22）が得られます．f_6^* に関する増大半道をもはや見つけることはできません．結局，最大流の定理により f_6^* が N_3 の最大流であり，N_3 の流れの値の最大値は $v(f_6^*) = 9$ となります．$X = \{x, p, q, r, v\}$ としたとき，$c(X, X^c) = c(p, u) + c(r, w) + c(v, w) + c(v, y) = 3 + 1 + 1 + 4 = 9 = v(f_6^*)$ となり，命題2から f_6^* は最大流であることがまた確かめられます．

第15章　数え上げ問題

　数え上げる，それはカゴの中に何個のリンゴがあるかといった具体的な物を数えるということを一般には意味するでしょう．高校では，ある集合からいくつかの要素を取り出して，一列にならべる方法は何通りあるか，またはならべ方を問題にしないで，取り出した組だけを考えたときの組は何通りあるかといった順列，組合せの数え上げがでてきます．それはある集合から作られる，ある基準に合った形をすべて数え上げることを意味しています．ここではネックレスの玉の配置といった具体的な例をあげて，より複雑な形状の数え上げを説明することにしましょう．

§1．ネックレス問題

　次のパズルから始めましょう．

> パズル1　赤色と青色の合計4個のビーズ玉からなるネックレスについて，回転とか裏返しを考えないときの異なったネックレスは何個あるでしょうか．

　赤色を●，青色を○で表すと，求めるネックレスは図1のように16通りになります．

> パズル2　図1で示されたネックレスについて，二つのネックレスの一方を回転して他方が得られるとき，それら二つは区別できないとします．そのとき，何通りのネックレスが考えられるでしょうか．

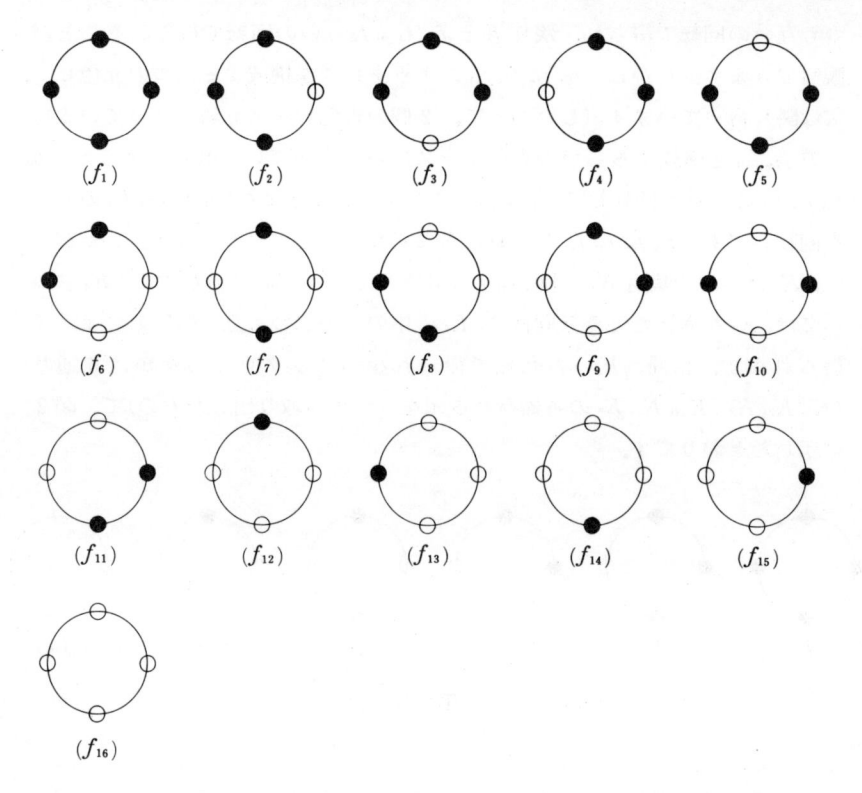

§1. ネックレス問題

図 1

二つのネックレスの一方を回転して他方が得られるならば，これら二つのネックレスの赤色（青色）ビーズの個数は等しいはずです．このことに注目して，図 1 の 16 通りのネックレスを次の五つの集合に分割し，各集合の中でパズル 2 の題意を考えていきます．

$$K_1 = \{f_1\}, \quad K_2 = \{f_2, f_3, f_4, f_5\}, \quad K_3 = \{f_6, f_7, f_8, f_9, f_{10}, f_{11}\},$$
$$K_4 = \{f_{12}, f_{13}, f_{14}, f_{15}\}, \quad K_5 = \{f_{16}\}.$$

K_2 に属する f_2 を時計方向に 90 度回転すると f_3 になり，180 度，270 度回転するとそれぞれ f_4, f_5 となり，K_2 の中のどの二つの元も回転により区別できないことがわかります．K_3 の場合は事情が少し異なります．f_6, f_8, f_9, f_{11} のどの二

つも互いの回転で得られ，残り f_7 と f_{10} もまた互いの回転で得られることが観察できます．しかし，f_6, f_8, f_9, f_{11} のネックレスを構成する二つの赤色ビーズは隣り合っています（したがって，2個の青色ビーズも隣り合っている）．一方 f_7, f_{10} を構成する二つの赤色ビーズは隣り合っていません．よって，f_6, f_8, f_9, f_{11} のどれを回転しても，f_7, f_{10} に一致することなく，逆に f_7, f_{10} のどれを回転しても，f_6, f_8, f_9, f_{11} のどれにもならないことがわかります．したがって，K_3 は二つの集合 $K_{31}=\{f_6, f_8, f_9, f_{11}\}$ と $K_{32}=\{f_7, f_{10}\}$ に分れます．K_4 については，K_2 を考えたときと同様に，K_4 の中のどの二つも互いの回転によって得られます．結局，互いの回転で得られないネックレスの種類は6通り（$K_1, K_2, K_{31}, K_{32}, K_4, K_5$ の各集合から元を一つずつ取り出したもの）で，図2に示したとおりです．

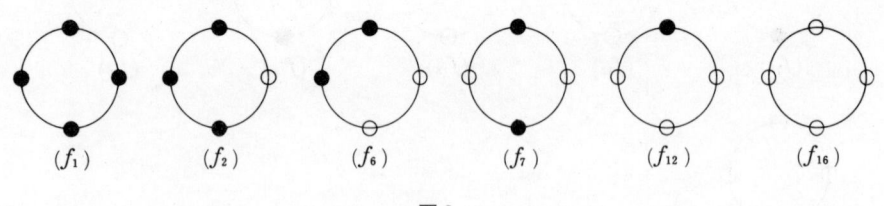

(f_1)　　(f_2)　　(f_6)　　(f_7)　　(f_{12})　　(f_{16})

図2

パズル3　図2のネックレスについて，赤色ビーズと青色ビーズを同時にすべて入れ換え，さらに回転により一方のネックレスから他方のそれが得られるとき，二つのネックレスは区別できないとします．そのとき何通りのネックレスが考えられるでしょうか．

f_1 の赤色ビーズをすべて青色ビーズに入れ換えると，f_{16} になります．f_2 について，赤色ビーズと青色ビーズを入れ換えて反時計方向に90度回転させると，f_{12} が得られます．f_6 の場合，赤，青のビーズを入れ換えてどのように回転させても f_7 に一致することなく，逆に f_7 から f_6 も得られません．したがって得られるネックレスは次の4種類です．

(f_1)　　　(f_2)　　　(f_6)　　　(f_7)

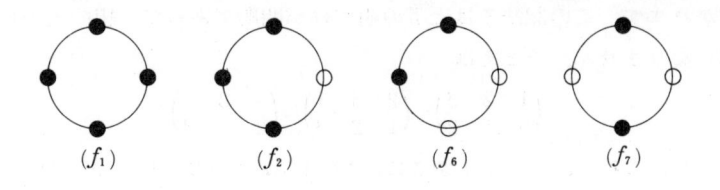

図3

§2. 基本的用語

集合 $A=\{a_1, a_2, \cdots\}$ の任意の2元 a, a' に対して，第3の元 $a'' \in A$ が一意的に定まり，次の三つの条件が満たされているとき，A は**群**をなすといいます．a, a' によって一意的に定まる元 a'' は a, a' の**積**と呼ばれ aa' と表されます．

(i) A の任意の元 a, a', a'' に対して，結合法則 $(aa')a''=a(a'a'')$ が成り立つ．

(ii) A のすべての元 a に対して，$\iota a = a\iota = a$ が成り立つような A の元 ι（a に関係しない）が存在する．ι は**単位元**と呼ばれる．

(iii) A の任意の元 a に対して，a^{-1} で表される元が A の中に存在して $a^{-1}a = aa^{-1} = \iota$ が成り立つ．a^{-1} は a の**逆元**と呼ばれる．

群 A の部分集合 B が A における積に関してまた群をなすとき，B は A の**部分群**といわれます．

有限集合 X から X の上への一対一写像 α を X 上の**置換**といいます．X の元をそれ自身に対応させる置換，すなわち任意の $x \in X$ に対し，$\alpha(x)=x$ となる α を**単位置換**または**恒等置換**と呼びます．X 上の置換 α による x の像 $y=\alpha(x)$ に対し，逆に y に x を対応させる写像は X 上の置換であって，α の**逆置換**と呼ばれ，α^{-1} と書きます．置換の書き方には伝統的なものがあります．$X=\{1, 2, \cdots, n\}$ 上の置換 α によって，i が p_i に移されるとき $(\alpha(i)=p_i)$，i の下に p_i を書いて，α は

$$\alpha = \begin{pmatrix} 1 & 2 & \cdots & n \\ p_1 & p_2 & \cdots & p_n \end{pmatrix}$$

と書かれます．この記法では上下の組だけが問題であって，組同士の順序は問題になりません．たとえば

$$\begin{pmatrix} 1 & 2 & 3 \\ 3 & 1 & 2 \end{pmatrix} = \begin{pmatrix} 2 & 3 & 1 \\ 1 & 2 & 3 \end{pmatrix} = \begin{pmatrix} 3 & 2 & 1 \\ 2 & 1 & 3 \end{pmatrix}$$

であって，これらはすべて1を3に，2を1に，3を2に移す $X=\{1,2,3\}$ 上の一つの置換です．

すぐ上で与えた α の逆置換は

$$\alpha^{-1} = \begin{pmatrix} p_1 & p_2 & \cdots & p_n \\ 1 & 2 & \cdots & n \end{pmatrix}$$

と書かれます．単位置換 ι はもちろん

$$\iota = \begin{pmatrix} 1 & 2 & \cdots & n \\ 1 & 2 & \cdots & n \end{pmatrix}$$

です．置換 α によって i が p_i に移され，置換 β によって p_i が q_i に移されるとき，i を q_i に移す置換を $\beta\alpha$ と書き，置換 α と β の積と定義します．すなわち

$$\alpha = \begin{pmatrix} 1 & 2 & \cdots & n \\ p_1 & p_2 & \cdots & p_n \end{pmatrix}, \quad \beta = \begin{pmatrix} p_1 & p_2 & \cdots & p_n \\ q_1 & q_2 & \cdots & q_n \end{pmatrix}$$ であるとき，

$$\beta\alpha = \begin{pmatrix} 1 & 2 & \cdots & n \\ q_1 & q_2 & \cdots & q_n \end{pmatrix}.$$

n 個の元からなる集合 X 上の置換すべてからなる集合 S_n は上で定義した積に関して群をなすことがわかり，S_n は **n 次の対称群**と呼ばれています．S_n の単位元は単位置換で，S_n の元 α の逆元は α の逆置換 α^{-1} です．S_n の元の個数は $n!$ であり，この数は $1,2,\cdots,n$ のすべての順列の個数に一致します．n 次の対称群 S_n の部分群は n 次の**置換群**と呼ばれます．

$X=\{1,2,3\}$ 上の置換のすべてからなる3次の対称群 S_3 を例としてみましょう．3個の文字1,2,3の順列123から順列312に移るには1を3で，2を1で，3を2で置き換えればよい，つまり順列123から順列312に移ることは置換 $\begin{pmatrix} 1 & 2 & 3 \\ 3 & 1 & 2 \end{pmatrix}$ を考えることと同じです．したがって，S_3 に属するすべての置換は $3!=6$ 個でそれらは

$$\iota = \begin{pmatrix} 1 & 2 & 3 \\ 1 & 2 & 3 \end{pmatrix}, \quad \alpha_1 = \begin{pmatrix} 1 & 2 & 3 \\ 2 & 3 & 1 \end{pmatrix}, \quad \alpha_2 = \begin{pmatrix} 1 & 2 & 3 \\ 3 & 1 & 2 \end{pmatrix}$$

$$\beta_1=\begin{pmatrix}1&2&3\\1&3&2\end{pmatrix},\ \beta_2=\begin{pmatrix}1&2&3\\3&2&1\end{pmatrix},\ \beta_3=\begin{pmatrix}1&2&3\\2&1&3\end{pmatrix}$$

となり，α_1 と β_1 の積 $\beta_1\alpha_1=\beta_2$ となります．表1は S_3 の元の積表です．

表　1

	ι	α_1	α_2	β_1	β_2	β_3
ι	ι	α_1	α_2	β_1	β_2	β_3
α_1	α_1	α_2	ι	β_3	β_1	β_2
α_2	α_2	ι	α_1	β_2	β_3	β_1
β_1	β_1	β_2	β_3	ι	α_1	α_2
β_2	β_2	β_3	β_1	α_2	ι	α_1
β_3	β_3	β_1	β_2	α_1	α_2	ι

置換を表すのに動かない文字は省いて書くことがあります．たとえば $\begin{pmatrix}1&2&3&4&5\\1&4&3&5&2\end{pmatrix}$ について，1 と 3 はそれぞれ自分自身に移している（つまり，1 と 3 は動かない）ので，1 と 3 は省いてこの置換は簡単に $\begin{pmatrix}2&4&5\\4&5&2\end{pmatrix}$ と書くことがあります．

X に属する文字 $r_1, r_2, \cdots, r_k$ を巡回的に，$r_1\to r_2\to r_3\to\cdots\to r_k\to r_1$ と移し，残りの文字は動かさない置換

$$\alpha=\begin{pmatrix}r_1&r_2&\cdots&r_{k-1}&r_k\\r_2&r_3&\cdots&r_k&r_1\end{pmatrix}$$

を**長さ k の巡回置換**といい，簡単に $(r_1, r_2, \cdots, r_k)$ と表します．この巡回置換の表し方は $(r_i, r_{i+1}, \cdots, r_k, r_1, \cdots, r_{i-1})$ と書いても同じ置換を表します．そこで次の事実が知られています．

　　任意の置換は互いに共通の文字を含まない巡回置換の積に一意的に分解される．

たとえば，置換 $\alpha=\begin{pmatrix}1&2&3&4&5&6&7&8\\5&4&3&8&6&1&2&7\end{pmatrix}$ において，$1\to 5\to 6\to 1$，$2\to 4\to 8\to 7\to 2$，$3\to 3$ のように文字が順次移され，α は $\alpha=(1\ 5\ 6)(2\ 4\ 8\ 7)(3)$ と分解されます．もちろん，$(2\ 4\ 8\ 7)(1\ 5\ 6)(3)$ とか $(3)(2\ 4\ 8\ 7)(1\ 5\ 6)$ とかは同

じ置換 α を表しています．この置換の型は $1^1 3^1 4^1$ であるといわれています．一般に，n 個の文字の上の置換 α を互いに共通の文字を含まない巡回置換の積に分解して，長さ k の巡回置換が j_k 個 ($k=1, 2, \cdots, n$) あるならば，$1^{j_1} 2^{j_2} \cdots n^{j_n}$ を α の**型**と呼びます．このとき $\sum_{k=1}^{n} k j_k = n$ が成り立ちます．置換 $\alpha = (1)(2)(3)(4\ 5)(6\ 7)(8\ 9\ 10\ 11)$ について，$j_1 = 3, j_2 = 2, j_3 = 0, j_4 = 1$ だから，α の型は $1^3 2^2 3^0 4^1$ です．この場合，$j_3 = 0$ は短縮して $1^3 2^2 4^1$ と書きます．

§3．ネックレスの同値性

空でない有限集合 X と Y に対して，X から Y への写像全体からなる集合を Y^X とします．Y^X の元 f は $|X|$ 個の物を $|Y|$ 個の部屋に配る配り方に対応しています．従って，f は**配置**と呼ばれます（Y^X はそのような配置の全体です）．

A を X 上の置換群とします．このとき，各置換 $\alpha \in A$ と各写像 $f \in Y^X$ に対して，$f(\alpha(x)) = f^*(x), (\text{すべての } x \in X)$ となる写像 $f^* \in Y^X$ が存在します．このことは各 α に対し，$f \in Y^X$ から $f^* \in Y^X$ に移す写像が存在することを意味し，その写像を α^* で表現することにします．すなわち $(\alpha^*(f))(x) = f(\alpha(x)), (x \in X, f \in Y^X)$．明らかに α^* は Y^X 上の置換となります．$f_1, f_2 \in Y^X$ に対して，$\alpha^*(f_1) = f_2$（簡単に，$\alpha^* f_1 = f_2$）となるような置換 $\alpha \in A$ が存在するとき，配置 f_1 は f_2 と A の下で関係しているといい，$f_1 \sim f_2$ と書きます．この関係 $\sim$ は同値律を満たします．つまり，単位元 $\iota \in A$ と $f \in Y^X$ に対して，$f(\iota(x)) = f(x)$ より $\iota^* f = f$，よって $f \sim f$（反射律）．$\alpha \in A, f_1, f_2 \in Y^X$ に対して，$\alpha^* f_1 = f_2$ ならば $f_1(\alpha(x)) = f_2(x), (x \in X)$，から $f_1(x) = f_2(\alpha^{-1}(x)) = (\alpha^{-1})^* f_2(x)$，すなわち $(\alpha^{-1})^* f_2 = f_1$，よって $f_2 \sim f_1$（対称律）．$\alpha^* f_1 = f_2, \beta^* f_2 = f_3$ ならば $f_1(\alpha\beta(x)) = f_1(\alpha(\beta(x))) = \alpha^* f_1(\beta(x)) = f_2(\beta(x)) = \beta^* f_2(x) = f_3(x), (x \in X)$．すなわち $(\alpha\beta)^* f_1 = f_3$，よって $f_1 \sim f_3$（推移律）．Y^X 上に導入されたこの同値関係 $\sim$ は A によって**誘導された同値関係**といわれます．この同値関係のもとで Y^X は同値類に類別され，各類は**パターン**と呼ばれています．配置の数え上げの問題は相異なるパターンの個数を求める問題となります．

§3. ネックレスの同値性

$X=\{1,2,3\}$, $Y=\{a,b\}$ として，上記の事柄を観察してみましょう．X から Y への写像は表2に示したように8種類あります．たとえば写像 f_4 は $f_4(1)=b, f_4(2)=a, f_4(3)=a$ を意味します．X 上の置換群 $A_1=\{\iota, \alpha_1=(1\ 2\ 3),$ $\alpha_2=(1\ 3\ 2)\}$ を考えます．α_1 に対する Y^X 上の置換 α_1^* は f_1 とか f_3 をどんなものに移すかみてみましょう．

表 2

	1	2	3
f_1	a	a	a
f_2	a	a	b
f_3	a	b	a
f_4	b	a	a
f_5	a	b	b
f_6	b	a	b
f_7	b	b	a
f_8	b	b	b

表 3

$$\iota^* = \begin{pmatrix} f_1 & f_2 & f_3 & f_4 & f_5 & f_6 & f_7 & f_8 \\ f_1 & f_2 & f_3 & f_4 & f_5 & f_6 & f_7 & f_8 \end{pmatrix} = 単位置換$$

$$\alpha_1^* = \begin{pmatrix} f_1 & f_2 & f_3 & f_4 & f_5 & f_6 & f_7 & f_8 \\ f_1 & f_3 & f_4 & f_2 & f_7 & f_5 & f_6 & f_8 \end{pmatrix} = (f_1)(f_2\ f_3\ f_4)(f_5\ f_7\ f_6)(f_8)$$

$$\alpha_2^* = \begin{pmatrix} f_1 & f_2 & f_3 & f_4 & f_5 & f_6 & f_7 & f_8 \\ f_1 & f_4 & f_2 & f_3 & f_6 & f_7 & f_5 & f_8 \end{pmatrix} = (f_1)(f_2\ f_4\ f_3)(f_5\ f_6\ f_7)(f_8)$$

$\alpha_1^* f_1(1)=f_1(\alpha_1(1))=f_1(2)=a$, $\alpha_1^* f_1(2)=f_1(\alpha_1(2))=f_1(3)=a$, $\alpha_1^* f_1(3)=f_1(\alpha_1(3))=f_1(1)=a$ となり，$\alpha_1^* f_1 = f_1$ すなわち α_1^* は f_1 を f_1 自身に移しています．$\alpha_1^* f_3(1)=f_3(\alpha_1(1))=f_3(2)=b$, $\alpha_1^* f_3(2)=f_3(\alpha_1(2))=f_3(3)=a$, $\alpha_1^* f_3(3)=f_3(\alpha_1(3))=f_3(1)=a$ となり，$\alpha_1^* f_3 = f_4$ すなわち，α_1^* は f_3 を f_4 に移しています．このようにして表3が得られます．集合 $A_1^* = \{\iota^*, \alpha_1^*, \alpha_2^*\}$ は群の条件(i), (ii), (iii)を満たすことが簡単にわかり，A_1^* は Y^X 上の置換群となります．A_1^* は A_1 によって**誘導された置換群**といわれます．

f_2 と f_3 について，$\alpha_1^* f_2 = f_3$ より $f_2 \sim f_3$ であり，f_2 と f_4 について，$\alpha_2^* f_2 = f_4$ より $f_2 \sim f_4$ です．このように考えると，Y^X は同値関係 $\sim$ によって次の四つのパターンに類別されます．

$$\{f_1\}, \{f_2, f_3, f_4\}, \{f_5, f_6, f_7\}, \{f_8\}$$

さて，パズル2をもう一度考えてみましょう．ただし，次の条件を加えることにします：

二つのネックレスについて，一方を裏返して他方が得られる場合，これら二つは区別できない．

208　第15章　数え上げ問題

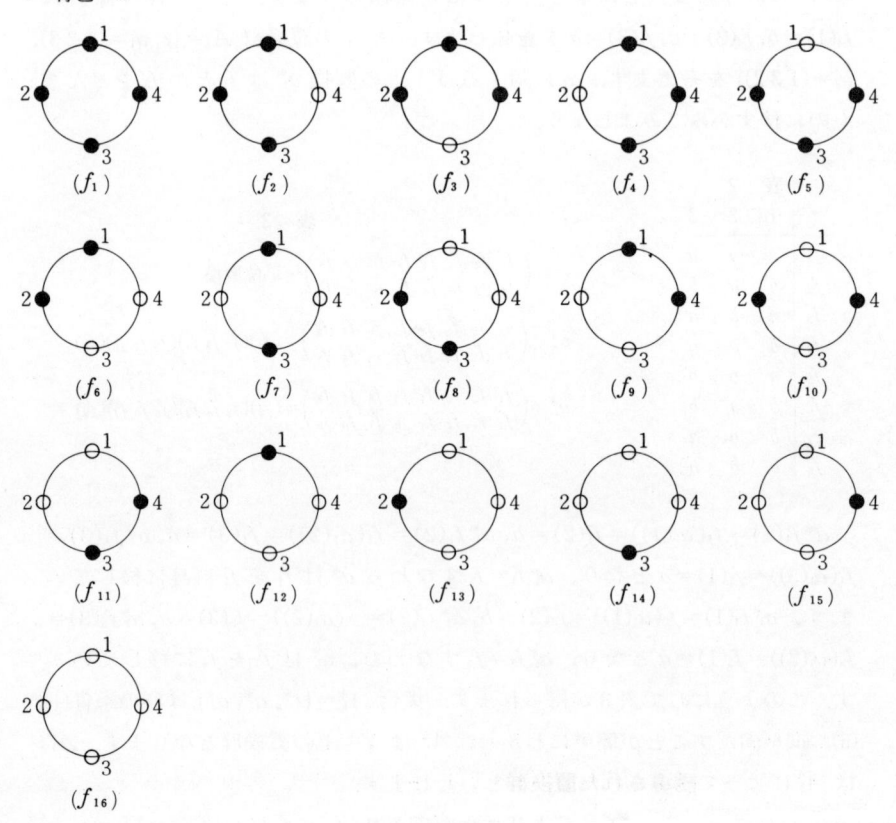

●＝赤色＝r
○＝青色＝b

(f_1)　(f_2)　(f_3)　(f_4)　(f_5)

(f_6)　(f_7)　(f_8)　(f_9)　(f_{10})

(f_{11})　(f_{12})　(f_{13})　(f_{14})　(f_{15})

(f_{16})

図4

図1で示した図をもう一度図4に示します．ただし，ビーズを配置する位置に 1, 2, 3, 4 の番号を付けることにします．$f_1, f_2, \cdots, f_{16}$ は表4で示した写像に対応しています．すなわち，各 f_i は定義域 $X=\{1,2,3,4\}$ から，値域 $Y=\{r,b\}$ への写像で，ビーズの配置を示しています．

　X 上の置換群 A_2 を

$A_2=\{\iota, a_1=(1\,2\,3\,4), a_2=(1\,3)(2\,4), a_3=(1\,4\,3\,2), a_4=(1\,4)(2\,3), a_5=(1\,2)(3$

§3. ネックレスの同値性　209

4), $\alpha_6 = (1\ 3)(2)(4)$, $\alpha_7 = (1)(2\ 4)(3)$}

とします．ここで $\alpha_1, \alpha_2, \alpha_3$ は中心のまわりの回転に対応しています．たとえば，f_2 についてそれをみてみます．

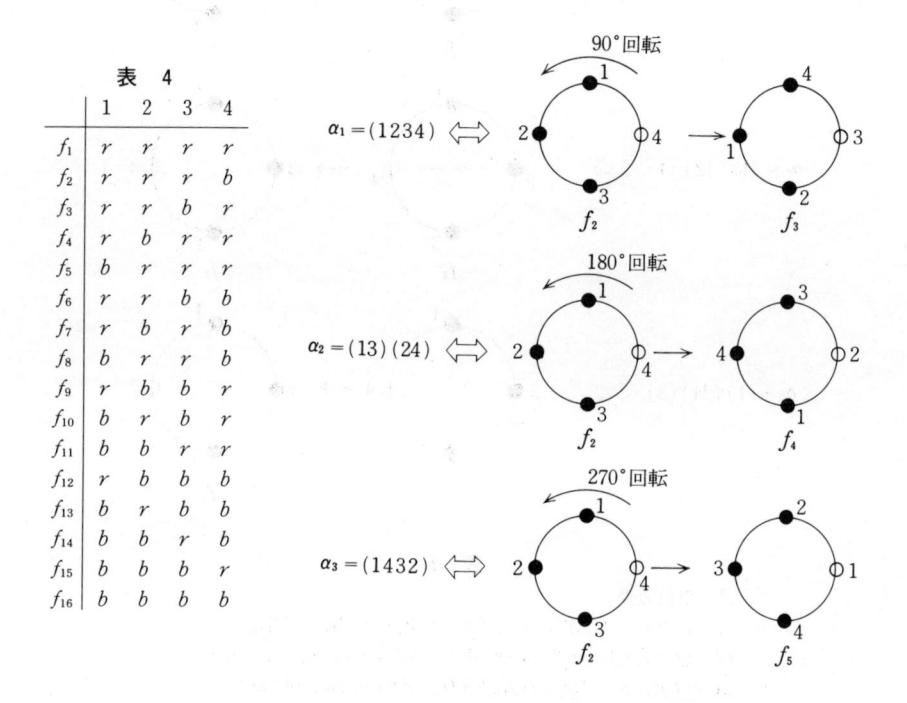

表　4

	1	2	3	4
f_1	r	r	r	r
f_2	r	r	r	b
f_3	r	r	b	r
f_4	r	b	r	r
f_5	b	r	r	r
f_6	r	r	b	b
f_7	r	b	r	b
f_8	b	r	r	b
f_9	r	b	b	r
f_{10}	b	r	b	r
f_{11}	b	b	r	r
f_{12}	r	b	b	b
f_{13}	b	r	b	b
f_{14}	b	b	r	b
f_{15}	b	b	b	r
f_{16}	b	b	b	b

$\alpha_1 = (1234) \iff$ 90°回転 $f_2 \to f_3$

$\alpha_2 = (13)(24) \iff$ 180°回転 $f_2 \to f_4$

$\alpha_3 = (1432) \iff$ 270°回転 $f_2 \to f_5$

$\alpha_4, \alpha_5, \alpha_6, \alpha_7$ は中心を通る対称軸に関する裏返しに対応しています．これをまた f_2 についてみます．

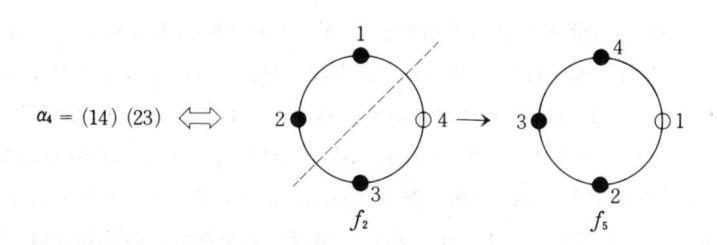

$\alpha_4 = (14)(23) \iff$ $f_2 \to f_5$

210　第15章　数え上げ問題

$\alpha_5 = (12)(34) \iff$

$f_2 \to f_3$

$\alpha_6 = (13)(2)(4) \iff$

$f_2 \to f_2$

$\alpha_7 = (1)(24)(3) \iff$

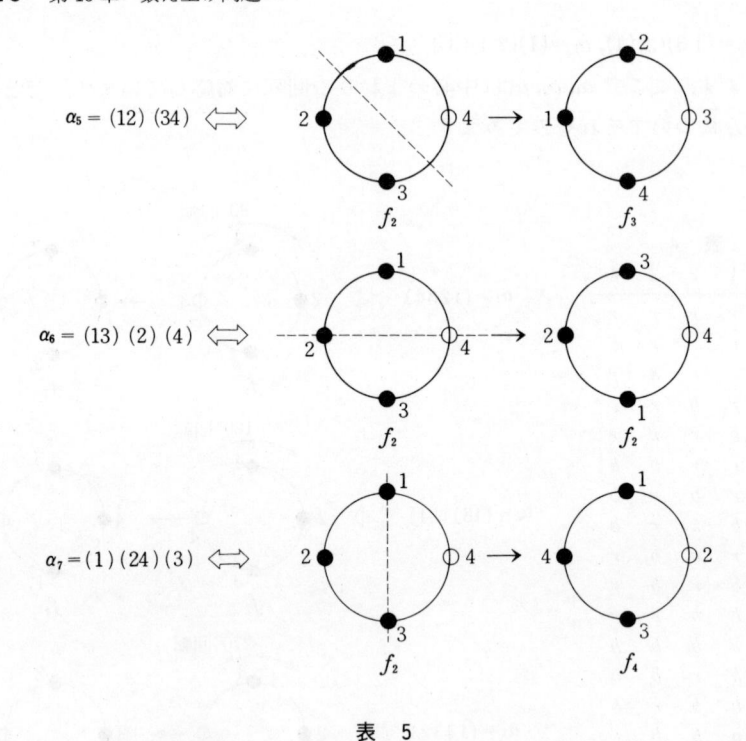

$f_2 \to f_4$

表　5

$\iota^* =$ 単位置換
$\alpha_1^* = (f_1)(f_2 \, f_3 \, f_4 \, f_5)(f_6 \, f_9 \, f_{11} \, f_8)(f_7 \, f_{10})(f_{12} \, f_{15} \, f_{14} \, f_{13})(f_{16})$
$\alpha_2^* = (f_1)(f_2 \, f_4)(f_3 \, f_5)(f_6 \, f_{11})(f_7)(f_8 \, f_9)(f_{10})(f_{12} \, f_{14})(f_{13} \, f_{15})(f_{16})$
$\alpha_3^* = (f_1)(f_2 \, f_5 \, f_4 \, f_3)(f_6 \, f_8 \, f_{11} \, f_9)(f_7 \, f_{10})(f_{12} \, f_{13} \, f_{14} \, f_{15})(f_{16})$
$\alpha_4^* = (f_1)(f_2 \, f_5)(f_3 \, f_4)(f_6 \, f_{11})(f_7 \, f_{10})(f_8)(f_9)(f_{12} \, f_{15})(f_{13} \, f_{14})(f_{16})$
$\alpha_5^* = (f_1)(f_2 \, f_3)(f_4 \, f_5)(f_6)(f_7 \, f_{10})(f_8 \, f_9)(f_{11})(f_{12} \, f_{13})(f_{14} \, f_{15})(f_{16})$
$\alpha_6^* = (f_1)(f_2)(f_3 \, f_5)(f_4)(f_6 \, f_8)(f_7)(f_9 \, f_{11})(f_{10})(f_{12} \, f_{14})(f_{13} \, f_{15})(f_{16})$
$\alpha_7^* = (f_1)(f_2 \, f_4)(f_3)(f_5)(f_6 \, f_9)(f_7)(f_8 \, f_{11})(f_{10})(f_{12})(f_{13} \, f_{15})(f_{14})(f_{16})$

さて，A_2 の各置換によって導かれる Y^X 上の置換は表5に示すとおりです．A_2 によって導かれるパターンは表5により，表6のようになります．得られたパターンについてもう少し観察すると，これらは $\alpha_1^*, \alpha_2^*, \alpha_3^*$ だけで得られることがわかります．たとえば，$\alpha_5^* f_2 = \alpha_1^* f_2 = f_3, \alpha_6^* f_2 = \alpha_2^* f_2 = f_4, \alpha_4^* f_2 = \alpha_3^* f_2 = f_5$. このことは A_2 の部分群 $B = \{\iota, \alpha_1, \alpha_2, \alpha_3\}$ でネックレスの分類が可能であることを意味します．すなわち，裏返しの条件はこの問題には不要と

いうことになり，表6はパズル2の解答に示したものです．

表　6

パターン	対応するネックレス
$K_1 = \{f_1\}$	
$K_2 = \{f_2, f_3, f_4, f_5\}$	
$K_{31} = \{f_6, f_8, f_9, f_{11}\}$	
$K_{32} = \{f_7, f_{10}\}$	
$K_4 = \{f_{12}, f_{13}, f_{14}, f_{15}\}$	
$K_5 = \{f_{16}\}$	

§4. ネックレスと巡回指数

　前節でネックレスのパターンは6個あることを知りました．表6において，ネックレスの赤色ビーズの個数が4個，3個，1個，0個の場合は各々1種類のネックレスがパターンとして現れ，2個の赤色ビーズをもったネックレスは2種類あることがみられます．こういった種類の数を巡回指数という概念を用いて導いてみましょう．

　n 次の置換群 A の置換 α の型が $1^{j_1(\alpha)} 2^{j_2(\alpha)} \cdots n^{j_n(\alpha)}$ であるとします．α に n 個の変数 $s_1, s_2, \cdots, s_n$ の単項式 $s_1^{j_1(\alpha)} s_2^{j_2(\alpha)} \cdots s_n^{j_n(\alpha)}$ を対応させ，$s_1, s_2, \cdots, s_n$ の多

項式

$$Z(A) = \frac{1}{|A|} \sum_{\alpha \in A} s_1^{j_1(\alpha)} s_2^{j_2(\alpha)} \cdots s_n^{j_n(\alpha)}$$

を考えます．$Z(A)$ は A の**巡回指数**といわれます．

たとえば，4次の置換群 $A_3 = \{\iota, \alpha_1 = (1\,2)(3\,4), \alpha_2 = (1\,3\,4)(2), \alpha_3 = (1\,4\,2)(3), \alpha_4 = (1\,3)(2\,4), \alpha_5 = (1)(2\,3\,4), \alpha_6 = (1\,4\,3)(2), \alpha_7 = (1\,2\,3)(4), \alpha_8 = (1\,4)(2\,3), \alpha_9 = (1)(2\,4\,3), \alpha_{10} = (1\,2\,4)(3), \alpha_{11} = (1\,3\,2)(4)\}$ を考えます．単位置換 ι の型は 1^4 で s_1^4 が対応し，$\alpha_1, \alpha_4, \alpha_8$ の型は 2^2 より s_2^2 が対応し，残り $\alpha_2, \alpha_3, \alpha_5, \alpha_6, \alpha_7, \alpha_9, \alpha_{10}, \alpha_{11}$ の型は $1^1 3^1$ より $s_1 s_3$ が対応します．したがって A_3 の巡回指数は $|A_3| = 12$ より

$$Z(A_3) = \frac{1}{12}(s_1^4 + 3s_2^2 + 8s_1 s_3)$$

となります．

前節のネックレス問題にもどりましょう．置換群 A_2 の巡回指数は次のようになります．

$$Z(A_2) = \frac{1}{8}(s_1^4 + 2s_1^2 s_2 + 3s_2^2 + 2s_4).$$

赤色ビーズに数字 1 を対応させ，青色ビーズに変数 x を対応させます．ここで関数 $c(x) = 1 + x$ を考え，$Z(A_2)$ の変数 $s_i = c(x^i) = 1 + x^i$ を代入して次の多項式 $C(x)$ を考えます．

$$C(x) = \frac{1}{8}\{(1+x)^4 + 2(1+x)^2(1+x^2) + 3(1+x^2)^2 + 2(1+x^4)\}$$
$$= 1 + x + 2x^2 + x^3 + x^4.$$

この多項式の x^i の係数は i 個の青色ビーズ，$(4-i)$ 個の赤色ビーズをもつネックレスのパターンの個数を示しています．表 6 のネックレスのパターンと比べてみて下さい．$C(x)$ の $x=1$ の値 $C(1)$ はパターンの総数であることに注意して下さい．次節でこのことの一般的な話をします．

§5. ポリヤの定理

A を $X = \{1, 2, \cdots, n\}$ 上の置換群とし，w を有限集合 Y から $\{0, 1, 2, \cdots\}$

への写像とします．この w は**重み関数**と呼ばれています．c_k を $w(y)=k$ となる Y の元 y の個数（すなわち，$c_k=|\{y\in Y|w(y)=k\}|$）として，**図形数え上げ級数**と呼ばれる次の x の多項式を考えます．

$$c(x)=\sum_{k=0}^{\infty} c_k x^k.$$

Y^X の元 f（X から Y への写像）の重みを

$$w(f)=\sum_{x\in X} w(f(x))$$

によって定義すると，同じパターンに属するすべての写像（配置）は同じ重みをもちます．それは，f, g が同じパターンに属するならば，ある $\alpha\in A$ に対して $\alpha*f=g$，すなわち $f(\alpha(x))=g(x)$, $(x\in X)$ より，

$$w(g)=\sum_{x\in X} w(g(x))=\sum_{x\in X} w(f(\alpha(x)))=\sum_{x\in X} w(f(x))=w(f)$$

となるからです．この最後から2番目の等式は α が X 上の置換ということからわかります．そこで，パターンに属する写像の重みはそのパターンの重みとみなすことができ，C_k を重み k のパターンの個数として，多項式

$$C(x)=\sum_{k=0}^{\infty} C_k x^k$$

を考えます．$C(x)$ は**配置数え上げ級数**と呼ばれます．1937年にポリヤは次の定理を与えました．

ポリヤの定理 配置数え上げ級数 $C(x)$ は A の巡回指数 $Z(A)$ を用いて次の式で与えられる．

$$C(x)=\frac{1}{|A|}\sum_{\alpha\in A} (c(x))^{j_1(\alpha)}(c(x^2))^{j_2(\alpha)}\cdots(c(x^n))^{j_n(\alpha)}.$$

つまり，巡回指数 $Z(A)$ の中の変数 s_i に $c(x^i)$ を代入して $C(x)$ が得られる．

上の $C(x)$ は一般には $C(x)=Z(A, c(x))$ と書かれます．この定理の証明のために，まず次の事実を紹介します．

バーンサイドの補題 X, Y を空でない有限集合とし，A を X 上の置換群とする．このとき，A によって誘導される Y^X の同値関係によるパターンの個数は次の式で与えられる．

$$N(A)=\frac{1}{|A|}\sum_{a\in A}n(a^*).$$

ここで，$n(a^*)$ は $a^*f=f$ （このとき f は a によって固定されるという）となる $f\in Y^X$ の個数（すなわち，$n(a^*)=|\{f\in Y^X|a^*f=f\}|$）である．

ポリヤの定理を証明します．A の各置換 a に対し，a によって固定される重み k をもつ元 $f\in Y^X$ の集合を $F(a,k)$ とし（すなわち，$F(a,k)=\{f\in Y^X|a^*f=f, w(f)=k\}$, $k=0,1,2,\cdots$），$\varphi(a,k)=|F(a,k)|$ とします．このときバーンサイドの補題を用いて，重み k をもつパターンの個数 C_k は

$$C_k=\frac{1}{|A|}\sum_{a\in A}\varphi(a,k)$$

で与えられます．だから配置数え上げ級数は

$$C(x)=\sum_{k=0}^{\infty}\frac{1}{|A|}\sum_{a\in A}\varphi(a,k)x^k=\frac{1}{|A|}\sum_{a\in A}\sum_{k=0}^{\infty}\varphi(a,k)x^k$$

となります．a を巡回置換に分解したとき，次の事柄がわかります．

$a^*f=f$ であるのは，a の各巡回置換において，同一の巡回置換に属する X の文字すべてが f によって同じ像に移されるとき，かつそのときにかぎる．

a の巡回置換 z_i の長さを $l(z_i)$ とすると，このことから $f\in F(a,k)$ と z_i に属する X のすべての元 x に対して，$w(f(x))$ はある一定の値（非負整数）k_i をもち，$w(f)=k$ より関係式

$$\sum_{i=1}^{m}k_i l(z_i)=k$$

が成り立ちます．ここで m は a の巡回置換の個数です．逆に，この関係式を満たす非負整数の組 $(k_1,k_2,\cdots,k_m)$ に対して，$w(f(x))=k_i$（x は z_i に属する X の元）を満たす元 $f\in F(a,k)$ の個数は $c_{k_1}c_{k_2}\cdots c_{k_m}$ であり，結局

$$\varphi(a,k)=\sum{}^* c_{k_1}c_{k_2}\cdots c_{k_m}$$

ということがわかります．ここで，$\sum^*$ はすぐ上の関係式を満たす非負整数の組 $(k_1,k_2,\cdots,k_m)$ についてのすべての和を表します．それ故，

$$\sum_{k=0}^{\infty}\varphi(a,k)x^k=\sum_{k=0}^{\infty}\sum{}^*(\prod_{i=1}^{m}c_{k_i}x^{k_i l(z_i)})=\prod_{i=1}^{m}(\sum_{k_i=0}^{\infty}c_{k_i}x^{k_i l(z_i)})=\prod_{i=1}^{m}c(x^{l(z_i)})$$

が得られます．この式を a の型 $1^{j_1(a)}2^{j_2(a)}\cdots n^{j_n(a)}$ を用いて表すと，

$$\sum_{k=0}^{\infty} \varphi(a,k)x^k = \prod_{r=1}^{n} (c(x^r))^{j_r(a)}$$

となります．よって配置数え上げ級数 $C(x)$ は

$$C(x) = \frac{1}{|A|} \sum_{a \in A} \prod_{r=1}^{n} (c(x^r))^{j_r(a)}$$

となります．

第4節の最後で扱ったネックレスの問題に戻ってみます．$X=\{1,2,3,4\}$，$Y=\{r=\text{赤色ビーズ}, b=\text{青色ビーズ}\}$，$w(r)=0, w(b)=1$ とします．このとき，$w(f)$ はネックレスの配置 f の青色ビーズの個数に等しくなります．$c_0=c_1=1$ より，図形数え上げ級数は $c(x)=1+x$ となり，これを A_2 の巡回指数 $Z(A_2)$ に代入すると，ポリヤの定理により，第4節の最後に与えた配置数え上げ級数 $C(x)$ が得られます．

§6. グラフの数え上げ

異なった形のグラフの個数をポリヤの定理を用いて求めてみましょう．その前に，二つのグラフが同じ型であるということを定義します．グラフ $G_1=(V_1,E_1)$ とグラフ $G_2=(V_2,E_2)$ について，V_1 から V_2 の上への一対一写像 φ があって，$\{u,v\}\in E_1$ のときかつそのときに限り $\{\varphi(u),\varphi(v)\}\in E_2$ が成り立つとき G_1 と G_2 は**同型**であるといいます．つまり，G_1 と G_2 の点の間に，隣接性を保存するような一対一対応がつくとき，G_1 と G_2 は同型ということです．たとえば，図5の二つのグラフ $G_1=(V_1,E_1), G_2=(V_2,E_2)$ について，V_1 から V_2 の上への一対一写像 φ を $\varphi(a)=u, \varphi(b)=x, \varphi(c)=v, \varphi(d)=y$ とし

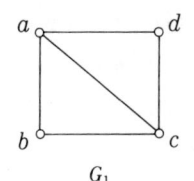

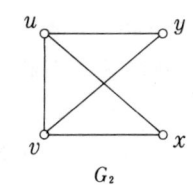

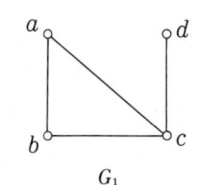

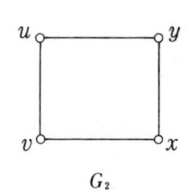

図5　　　　　　図6

て定めます．$\{a,b\} \in E_1$ に対し，$\{\varphi(a),\varphi(b)\} = \{u,x\} \in E_2$, $\{b,d\} \in E_1$ に対し，$\{\varphi(b),\varphi(d)\} = \{x,y\} \in E_2$．以下 G_1 の点の対に対して同様な事柄が成り立ち，G_1 と G_2 は同型ということがわかります．（図5で G_1 の点 b と c を隣接性を保ちながら入れ換えて得られるグラフと G_2 は同じグラフを表すことに注意して下さい．）図6の二つのグラフは同型ではありません．それは，G_1 の点 d の次数は1で，G_2 の各点の次数はすべて2ということからわかります．

さて，点の個数と辺の本数を与えたとき同型でないグラフの個数を考えましょう．グラフの点集合として，$V = \{1, 2, \cdots, n\}$ $(n \geq 3)$ をとります．ポリヤの定理を用いるにあたり，$X = \{\{i,j\} | i, j \in V, i \neq j\}$, $Y = \{0, 1\}$ として X から Y への写像 f を考えます．この写像 f から一つのグラフ $G(f)$ が対応します．$G(f)$ の点集合はもちろん V で，辺集合 $E(f)$ は $E(f) = \{\{i,j\} \in X | f(\{i,j\}) = 1\}$ です．逆に，グラフ $G = (V, E)$ には，$\{i,j\} \in E$ のとき $f(\{i,j\}) = 1$, $\{i,j\} \notin E$ のとき $f(\{i,j\}) = 0$ として定められる X から Y への写像 f が対応します．このことは点集合 V をもつグラフの全体と X から Y への写像の全体 Y^X との間に一対一の関係があることを意味します．$G(f)$ と $G(g)$, ($f, g \in Y^X$), について，V 上のある置換 α があって X のすべての元 $\{i,j\}$ に対し $f(\{i,j\}) = g(\{\alpha(i), \alpha(j)\})$ が成り立つときかつそのときに限り $G(f)$ と $G(g)$ は同型となります．

S_n を V 上の n 次の対称群とします．そして，$\alpha \in S_n$ に対し X から X への写像 α' を $\alpha'(\{i,j\}) = \{\alpha(i), \alpha(j)\}$ で定義します．このとき，α' は X 上の置換であり，その全体 $S_n^{(2)} = \{\alpha' | \alpha \in S_n\}$ は X 上の置換群となり，$|S_n^{(2)}| = |S_n| = n!$ です．

たとえば，$V = \{1, 2, 3\}$ を考えます．そのとき $X = \{\{1,2\}, \{1,3\}, \{2,3\}\}$ となり，$f \in Y^X$ を $f(\{1,2\}) = 1, f(\{1,3\}) = 1, f(\{2,3\}) = 0$ で定めると，辺集合として $E(f) = \{\{1,2\}, \{1,3\}\}$ をもつ図7のグラフが得られます．逆に図7のグラフからこの写像 f が得られます．3次の対称群 S_3 の各置換から構成される $S_3^{(2)}$ の置換とその型を表7に示します．ここで $a = \{1,2\}$, $b = \{1,3\}$, $c = \{2,3\}$ とします．この表から，$S_3^{(2)}$ の巡回指数は次のようになります．

$$\frac{1}{6}(s_1^3 + 2s_3 + 3s_1 s_2).$$

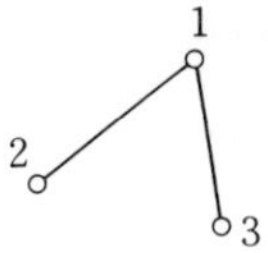

§6. グラフの数え上げ　217

表　7

S_3 の置換	$S_3^{(2)}$ の置換
$\iota=(1)(2)(3)$	$\iota'=(a)(b)(c)$
$\alpha_1=(1\ 2\ 3)$	$\alpha'_1=(a\ c\ b)$
$\alpha_2=(1\ 3\ 2)$	$\alpha'_2=(a\ b\ c)$
$\beta_1=(1)(2\ 3)$	$\beta'_1=(a\ b)(c)$
$\beta_2=(1\ 3)(2)$	$\beta'_2=(a\ c)(b)$
$\beta_3=(1\ 2)(3)$	$\beta'_3=(a)(b\ c)$

図 7

一般に，$S_n^{(2)}$ の巡回指数 $Z(S_n^{(2)})$ は

$$Z(S_n^{(2)})=\frac{1}{n!}\sum_{(j)} h(j_1,j_2,\cdots,j_n)\prod_{k=0}^{d_n-1} s_{2k+1}^{kj_{2k+1}} \prod_{k=1}^{d_n}(s_k s_{2k}^{k-1})^{j_{2k}} s_k^{e_k} \prod_{1\le r<t\le n} s_{[r,t]}^{(r,t)j_rj_t}.$$

ここで，$\sum_{(j)}$ は $\sum_{k=1}^n kj_k=n$ を満たす非負整数の組 $(j_1,j_2,\cdots,j_n)$ についてのすべての和を表し，(r,t) は r と t の最大公約数，$[r,t]$ は最小公倍数を表し，さらに

$h(j_1,j_2,\cdots,j_n)=n!/(\prod_{k=1}^n k^{j_k} j_k!)$,

$e_k=j_k(j_k-1)/2$,

$d_n=[n/2]$

（$[y]$ は y を越えない最大整数）です．

図形数え上げ級数として $c(x)=1+x$ を考えると，ポリヤの定理から次の定理が得られます．

> **グラフの数え上げ定理**　n 個の点，q 本の辺をもつ互いに同型でないグラフの個数は多項式
> $$g_n(x)=Z(S_n^{(2)},1+x)$$
> における x^q の係数に等しい．特に，n 個の点をもつ互いに同型でないグラフの総数は $g_n(1)$ で与えられる．

$n=4$ を例にしてみましょう．$\sum_{k=1}^4 kj_k=4$ を満たす非負整数の組 (j_1,j_2,j_3,j_4) と $h(j_1,j_2,j_3,j_4)$ は表8のようになり，$S_4^{(2)}$ の巡回指数は

218   第15章　数え上げ問題

表 8

(j_1, j_2, j_3, j_4)	$h(j_1, j_2, j_3, j_4)$
$(4,0,0,0)$	1
$(2,1,0,0)$	6
$(0,2,0,0)$	3
$(1,0,1,0)$	8
$(0,0,0,1)$	6

$$Z(S_4^{(2)}) = \frac{1}{24}(s_1^6 + 6s_1^2 s_2^2 + 3s_1^2 s_2^2 + 8s_3^2 + 6s_2 s_4)$$

$$= \frac{1}{24}(s_1^6 + 9s_1^2 s_2^2 + 8s_3^2 + 6s_2 s_4)$$

となります．したがって，グラフの数え上げ定理から

$$g_4(x) = \frac{1}{24}\{(1+x)^6 + 9(1+x)^2(1+x^2)^2 + 8(1+x^3)^2 + 6(1+x^2)(1+x^4)\}$$

$$= 1 + x + 2x^2 + 3x^3 + 2x^4 + x^5 + x^6$$

が得られます．4点をもつ互いに同型でないグラフは $g_4(1)=11$ 通りで図 8 に示すとおりです．この図で，たとえば3本の辺からなるグラフは $(f_5), (f_6), (f_7)$ の3通りで，$g_4(x)$ の x^3 の係数と一致しています．

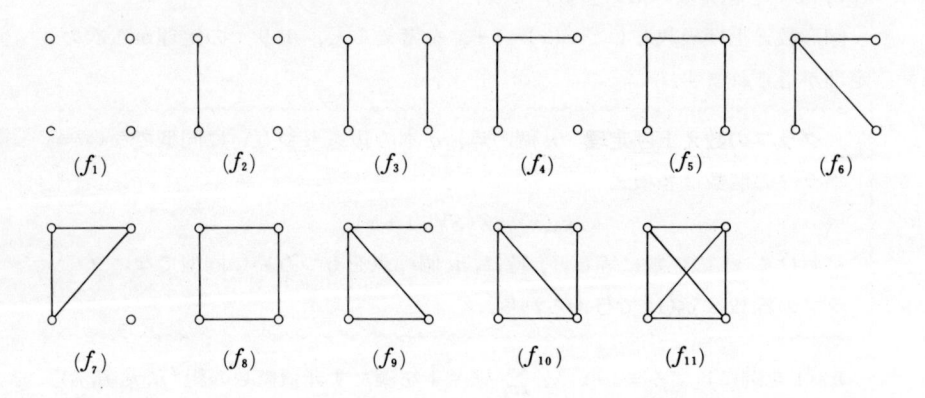

図 8

参　考　文　献

　本書を編集するに当たり引用または参考にした著書名は次のものです．1)〜9)は邦訳書，10)〜27)は和書，特に24)〜33)はグラフ論に関係したパズル関係の和書です．洋書は割愛しました．

1) グラフ理論：野口広訳（O. Ore 著），河出書房（1970）．
2) 群とグラフ：浅野啓三訳（I. grossman, W. Magnus 共著），河出書房（1970）．
3) グラフ理論とネットワーク—基礎と応用：矢野健太郎，伊理正夫共訳（R. G. Busacker, T.L. Saaty 共著），培風館（1970）．
4) グラフ理論：池田貞雄訳（F. Harary 著），共立出版（1971）．
5) 組合せ数学入門 I，II：伊理正夫，伊理由美共訳（C.L. Liu 著），共立出版（1972）．
6) グラフとダイグラフの理論：秋山仁，西関隆夫共訳（M. Behzad, L. Lesniak-Foster 共著），共立出版（1981）．
7) グラフ理論入門：斎藤伸自，西関隆夫共訳（B. Bollobás 著），培風館（1983）．
8) グラフ理論への道：一松信，秋山仁，恵羅博共訳（N.L. Biggs, E.K. Loyd, R.J. Wilson 共著），地人書館（1986）．
9) 組合せ論入門：今宮淳美訳（G. Pólya, R.E. Tarjan, D.R. Woods 共著），近代科学社（1986）．
10) グラフ理論への入門：立花俊一，奈良知恵，田澤新成訳（J.A. Bondy, US.R. Murty 共著），共立出版（2002）．
11) グラフ理論の基礎：小野寺力男著，森北出版（1968）．
12) グラフ理論の展開と応用：小野寺力男著，森北出版（1973）．
13) グラフ理論入門：本間龍雄著，講談社（1975）．
14) 離散数学：高橋磐郎，藤重悟共著，岩波書店（1981）．
15) グラフ論要説：浜田隆資，秋山仁共著，槇書店（1982）．
16) 演習グラフ理論—基礎と応用：伊理正夫，白川功，梶谷洋司，篠田庄司他共著，コロナ社（1983）．
17) グラフ学入門：榎本彦衛著，日本評論社（1988）．
18) 四色問題：一松信著，講談社（1978）．

19) グラフ理論入門：鈴木晋一訳（N. Hartsfield, G. Ringel 著），サイエンス社（1992）．
20) 幾何学的グラフ理論：前原濶，根上生也共著，朝倉書店（1992）．
21) グラフ理論：惠羅博，土屋守正共著，産業図書（1996）．
22) グラフ理論：根上生也，太田克弘共訳（R. Diestel 著），シュプリンガー・フェアラーク東京（2000）．
23) 情報科学のためのグラフ理論：加納幹雄著，朝倉書店（2001）．
24) パズルと数学 I，II：松田道雄著，明治図書（1958）．
25) 数学のあたま：高野一夫著，講談社（1970）．
26) 数学遊園地：高木茂男著，講談社（1976）．
27) 数理パズル：池野信一，高木茂男，土橋創作，中村義作共著，中央公論社（1976）．
28) 続・数理パズル：中村義作，小林茂太郎，西山輝夫共著，中央公論社（1977）．
29) パズル数学入門：藤村幸三郎，田村三郎共著，講談社（1977）．
30) 数学パズルの世界：藤村幸三郎，小林茂太郎共著，講談社（1978）．
31) 図形のはなし：大村平著，日科技連（1979）．
32) オリジナルパズル：藤村幸三郎，小林茂太郎共著，サイエンス社（1982）．
33) 数学歴史パズル：藤村幸三郎，田村三郎共著，講談社（1985）．

索　引

あ行
握手原理　8
1-因子分解可能　54
入次数　37
因子　54,55
因子分解（可能）　55
オイラー回路　77,105
オイラーグラフ　77
オイラー小道　77,105
重み　175,213
重み関数　213

か行
回路　65,104
回路網　14
外面　149
片方向連結　105
カット　195
完全グラフ　6
完全対称グラフ　36
完全2部グラフ　151
完全マッチング　134
完全有向グラフ　128
木　47,50
奇点　7
逆元　203
逆置換　203
逆有向グラフ　35
強連結　105
極大平面(的)グラフ　156
距離　66
近傍　139
偶点　7
グラフ　5
グラフ化可能数列　20
グラフ的　20
群　203
弧　33
交互道　135
恒等置換　203

小道　64,104
孤立点　7

さ行
最大マッチング　134
最大流　192
最短道　66
三角形　155
指数　24
指数集合　24
次数　7,37
次数列　16
しりとりグラフ　117
シンク　189
弱成分　113
自明な歩道　64
弱連結　105
巡回指数　212
巡回置換　205
推移的　31,34
水道管網　185
図形数え上げ級数　213
正則グラフ　55
接続　6
全域部分グラフ　48
総当りグラフ　36
送水可能量　185
増大道　135
増大半道　193
双対グラフ　162
ソース　189

た行
対称　33
対称群　204
対称弧　33
多重グラフ　82
単位元　203
単位置換　203
単純グラフ　6,33

端点　7
置換　203
置換群　204,207
中間点　189
頂点巡り可能　91,118
直径　66
底グラフ　105
ディリクレの原理　10
出次数　37
点　5
点彩色（可能）　160
点染色数　160
点染色的　160
同型　215
同色点集合　160
同色の部分グラフ　171
到達可能　43
同値関係　206
独立　133
独立集合　96
閉じている　64,104
トリオ　4

な行
内面　149
長さ　43,65,104
流れ　190
流れの値　192
2部グラフ　70
ネットワーク　189

は行
配置　206
配置数え上げ級数　213
パス　43,49
パターン　206
鳩の巣箱の原理　10
ハミルトン　91,118
ハミルトンパス　43
ハミルトン閉路　90,118

ハミルトン道 43, 91, 118
林 50
半径 66
反対称 33
半道 193
反トリオ 13
半歩道 104
引き出し論法 10
一筆書き可能 77, 105
非平面的 148
非飽和 193
開いている 64, 104
部集合 70
部分グラフ 48
部分群 203
不飽和点 133
平面グラフ 148
平面的グラフ 148
閉路 49, 104
辺 5
辺彩色（可能） 180, 181
辺染色数 181
辺染色的 181
方向変更点 63
飽和点 133
補グラフ 6
保存則 191
歩道 64, 104
補有向グラフ 34

誘導部分グラフ 48
容量 189, 195
容量関数 189

ら行
ラムゼイ数 173
ラムゼイの定理 13
離心数 66
隣接 6, 36, 37
ループ 103
連結 49, 105
連結成分 49

わ行
輪 103

ま行
マッチしている 133
マッチング 133
見合いグラフ 131
道 43, 49, 64, 104
無向グラフ 33
無限面 149
命令伝達系統 29
面 148

や行
有限面 149
有向グラフ 30, 33

〈著者紹介〉

田澤新成　昭和44年広島大学理学部物理学科卒業
　　　　　現在，近畿大学理工学部教授（理学博士）

白倉暉弘　昭和44年広島大学理学部数学科卒業
　　　　　現在，神戸大学発達科学部教授（理学博士）

田村三郎　昭和28年大阪大学理学部数学科卒業
　　　　　現在，神戸大学名誉教授（理学博士）

やさしいグラフ論
2003年4月5日　改訂版1刷発行

著　　者　田澤新成，白倉暉弘，田村三郎
発 行 所　㈱現 代 数 学 社
印刷・製本　牟禮印刷株式会社

京都市左京区鹿ヶ谷西寺之前町1　〒606-8425
振替01010-8-11144　TEL・FAX (075) 751-0727
E-mail : info@gensu.co.jp　http://www.gensu.co.jp/
〈著者の承諾により検印省略〉
ISBN4—7687—0147—7